U0414489

國家藝術基金

CHINA NATIONAL ARTS FUND

绿水青山影像纪实

国家艺术基金二零一八年度传播交流推广资助项目

# 绿水青山

LVSHUIQINGSHAN

## 中国森林摄影作品鉴赏

国家林业和草原局 主编

中国林业出版社

绿水青山影像纪实

## 《绿水青山中国森林摄影作品鉴赏》组委会

文化顾问：傅道彬　杜五安　梁公卿

委　　员：樊喜斌　刘东黎　王佳会　王福东　祁　宏　王剑波　徐　波　周志华
王晓洁　刘家顺　张晓辉　刘　萌　黄发强　符　锐　王春峰　毛　峰
柏章良　曹晏宁　张志刚　王振璞　梁永伟　赵　瑄　李　奎　张　颖
侯　艳　王　晴　黄采艺　刘雄鹰　杨玉芳　于彦奇　杨　洁　王俪玢
刘德望　楼暨康　闫光锋　刘　蕾　冯德乾　岳太青　胡培兴　滕秀玲
程　良　王隆富　李岩泉　宋　平　刘　波　籍永刚　张小庚　张利明
赵同军　邵权熙　陈瑞国　王　丹　赵胜利　赵　赫　张引潮　董　燕

## 《绿水青山中国森林摄影作品鉴赏》编委会

主　　编：刘东黎　黄采艺

编　　委：黄采艺　刘东黎　杨旭东　史永林　唐芳林　谢　辉　郭辉军　骆瑞麟
段兆涵　姚　颖　马克斌　耿　聪　赵龙云　徐海波

获奖摄影师：刘　俊　奚志农　杨　丹　杨旭东　陈宏刚　杜小红　吕　顺　赵　渝
乔　崎　邵维玺　张利军　金礼国　许　胜　王　林　韩　杰　陈江林
余国勇　耿　栋　全　进　杨　勇　周哲峰　高屯子　聂延秋　康成福
孙　阁　周　彬　许兆超　张增顺　徐　硕

撰　　稿：刘先银　刘　俊　张增顺

编　　辑：刘先银　李跃进　段植林　张　佳　邵晓娟

# 展览致辞

Exhibit a Speech

国家林业和草原局领导、国家艺术基金领导、各位嘉宾、各界代表、各位摄影师、记者朋友们，大家上午好!

像熊熊的烈焰，有着火一般的温度和激情。又是一个繁花似锦的七月，2018年度国家艺术基金传播交流推广资助项目《绿水青山中国森林摄影作品巡展》在中华世纪坛举办首展新闻发布会暨开幕式。

这是一个公益性的展览，我们的摄影师们用无私的奉献的志愿精神迎接这火红的七月、这充满希望的七月。九十七年前的这一天，九十七年前的这个季节，伟大的中国共产党诞生了，诞生在上海的法租界，诞生在碧波荡漾的南湖上。读史才可明今，忆苦方能思甜。在这个伟大的时代孕育出的新时代的同志们，用自己的方式来回报党的养育之恩，用优秀的作品来赞颂这火红的七月。

我谨代表主办方向这些摄影家以及致力于宣传生态文明建设、宣传美丽中国、宣传绿色发展、宣传“绿水青山就是金山银山”生态观的仁人志士表示衷心地感谢!对于出席本届展会的各位领导、嘉宾、各界代表表示诚挚的欢迎!并对于此次展会的盛大开幕表示热烈地祝贺!

“绿水青山中国森林摄影作品巡展”被列为传播交流推广资助项目，这是国家林业和草原局系统内首次获得国家艺术基金项目，也是唯一一个以深入宣传习近平总书记“绿水青山就是金山银山”生态观的传播交流推广资助项目。

本次展览紧紧围绕党的十九大精神、改革开放四十周年中国的发展、习近平中国特色社会主义思想，“绿水青山就是金山银山”理念，以多彩森林、魅力湿地、森林城市、珍稀动植物、千年古树、美好家园等主线，记叙、讲述美丽中国，绿水青山；以节约资源和保护环境的基本国策贯穿始终，展示自然生态资源的丰富，以及人民对美好生活的向往，用摄影图片的形式深入宣传绿水千年古树理念，深入宣传习近平总书记“绿水青山就是金山银山”生态观。

我们将于2018年7-10月在北京、云南、黑龙江三地举办面向社会大众的巡展活动。力争通过此次活动宣传“绿水青山就是金山银山”“生态环境就是生产力”的战略思想，弘扬生态文明主流价值观，发挥榜样的力量，形成人人、事事、时时崇尚生态文明的社会新风尚，为生态文明建设奠定坚实的社会、群众基础。

我们还将出版《绿水青山影像纪实：绿水青山中国森林摄影作品鉴赏》主题画册传播交流推广“绿水青山就是金山银山”的理念和生态观。

建设生态文明是关系人民福祉、关乎民族未来的大计，是实现中华民族伟大复兴的中国梦的重要内容。这次展览的200幅优秀摄影作品，遴选于来自全国各地摄影家提交的800多幅摄影作品，通过山水林田湖草及人与动物和树木花卉的影像，将我国优美独特、绚丽多彩的森林景观、风光绮丽的自然生态，呈献给我们的普通民众，反映经济发展与生态保护的关系，促进人与自然、经济发展与社会和谐、生态环境与人文建设等良性互动、协调并进，让良好生态环境成为人民群众美好生活的增长点，成为经济社会持续健康发展的支撑点。通过图片讲述人与自然友好相处的生态故事，人与自然和谐共生，共存共荣的马克思主义自然辩证法的基本观点，及中国传统哲学天人合一观的重要内涵。践行绿色发展理念，秉持绿水青山就是金山银山的理念，倡导人与自然和谐共生，坚持走绿色发展和可持续发展之路，必须站在辩证唯物主义的高度看待和处理人与自然的关系。人因自然而生，人与自然是一种共生关系，人对自然的伤害最终会伤及人类自身，人类发展活动必须尊重自然、顺应自然、保护自然，坚决摒弃损害甚至破坏生态环境的发展模式，决不能把自然环境作为盲目追求GDP的牺牲品。我们必须自觉、全面地坚守绿色发展理念，坚守生态红线，像对待生命一样对待生态环境，像保护眼睛一样保护生态环境，有效维护人与自然和谐相处的局面，让中华大地天更蓝、山更绿、水更清、环境更优美，让绿色发展的理念深入人心，走进千家万户。

谢谢大家！

刘东黎

中国林业出版社社长、总编辑

2018年7月23日

新华网－时政、人民网－环保频道、人民网－国际频道、中国网、新浪网、搜狐网－社会频道、国家林业和草原局宣传办公室关注森林网、中国新闻出版广电网、中国网、中新网、东方网、青海新闻网等各地新闻网、中国科技财富网、绿色中国网、中国绿化网、中国绿色时报、中国新闻出版广电报、科普时报等 20 多家媒体报道，众多媒体转载。

关注森林网 http://www.isenlin.cn/zt/xz/ 同步展示

# “绿水青山中国森林摄影作品巡展”在京开幕

从左到右依次是：耿栋　吕顺　杜小红　聂延秋　刘东黎　刘俊　许胜　刘升　刘万雷　张增顺

7 月 23 日，“绿水青山中国森林摄影作品巡展”开幕式暨新闻发布会在北京中华世纪坛召开。国家林业和草原局副局长彭有冬出席巡展开幕式，并为获奖摄影师代表颁奖。国家林业和草原局相关司局和直属单位领导、摄影师、有关专家及项目组成员出席开幕式并参观展览。

“绿水青山中国森林摄影作品巡展”由国家林业和草原局宣传中心、中国林业出版社共同主办。本次巡展以宣传“绿水青山就是金山银山”理念为主题，以多彩森林、魅力湿地、森林城市、珍稀动植物、千年古树、美好家园等为主线，用摄影图片的形式记叙、讲述美丽中国、绿水青山，展示自然生态资源的丰富和改革开放四十年来中国林业取得的发展成就，以及人民对美好生活的向往。

据中国林业出版社社长、总编辑刘东黎介绍，“绿水青山中国森林摄影作品巡展”被列为 2018 年度国家艺术基金传播交流推广资助项目，是这批项目中唯一以深入宣传习近平总书记“绿水青山就是金山银山”生态观的项目，也是国家林业和草原局重点宣传项目。本次巡展通过展示山水林田湖草及人与动物和树木花卉的影像，将我国优美独特、绚丽多彩的森林景观、风光绮丽的自然生态，呈献给社会公众，反映经济发展与生态保护的关系，促进人与自然、经济发展与社会和谐、生态环境与人文建设等良性互动、协调并进，让良好生态环境成为人民群众美好生活的增长点，成为经济社会持续健康发展的支撑点。

国家林业和草原局宣传办公室主任黄采艺主持

张佳向参观展览的彭有冬副局长等讲解作品　刘波　摄影

从左到右依次是：邵晓娟　李跃进　刘先银　黄采艺　彭有冬　刘东黎　樊喜斌　王佳会　张佳

本次巡展活动自 2018 年 2 月启动以来，共收到来自全国各地摄影家精心挑选、自愿为公益事业免费提供的 800 多幅摄影作品。经过巡展组委会认真评选，评选出 200 幅优秀摄影作品进行巡展。巡展将于 7 月 23 日至 27 日在北京中华世纪坛首展，8 月至 10 月在云南、黑龙江两地巡展。

巡展结束后，组委会还会将出版《绿水青山影像纪实：绿水青山中国森林摄影作品鉴赏》主题图册，进一步扩大宣传面。

搜狐社会 - 搜狐网、新浪云南人民网、昆滇在线、国家种苗网、云南商会网、全国党建网站联盟云岭先锋网、新华网云南频道、云南日报 - 云南网、图片频道 - 云南网、资讯 - 高清视频爱奇艺、联盟中国 - 中国网、新闻 - 昆明信息港、中国森林旅游网、要闻 - 光明网等 20 多家媒体报道。

# “绿水青山中国森林摄影作品巡展”云南展开幕

从左到右依次是：郭辉军　史永林　刘东黎　梁公卿　耿聪　杨旭东　谢辉

展览现场　杨加春　摄影

刘东黎社长向梁公卿副省长介绍展览（从左至右依次是：杜小红、梁公卿、刘东黎）
杨加春　摄影

8月20日，2018年度国家艺术基金传播交流推广资助项目“绿水青山中国森林摄影作品巡展”云南展在云南省昆明市云南银鹏艺术馆隆重开幕。

云南省原副省长梁公卿，原宁夏回族自治区人民检察院党组书记、检察长李定达先生，中国林业出版社社长、总编辑刘东黎，国家林业和草原局驻云南省森林资源监督专员办公室党组书记、专员史永林，国家林业和草原局昆明勘查设计院院长唐芳林，应急管理部南方航空护林总站党委书记、副总站长，也是此次摄影展的摄影师杨旭东，云南省林业厅党组成员、副厅长谢辉，西南林业大学校长郭辉军，致公党云南省委原巡视员骆瑞麟，云南省美协主席、云南美术馆馆长、云南画院院长罗江，云南省摄影家协会副主席徐晋燕，云南省民族经济研究会常务副会长段兆函，云南省委宣传部文艺处干部姚颖、云南省政协委员、致公党云南省常委、云南银鹏实业集团有限公司董事长耿聪，云南省政协常委、致公党云南省委秘书长杨萍，昆明市摄影家协会主席马克斌，摄影展摄影师杜小红、许胜、吕顺、邵维玺、陈宏刚等以及来自中央电视台、人民网、光明日报、云南日报、新浪网等30余家媒体的记者出席了开幕式，200多位各界嘉宾出席了此次发布会参观展览。谢辉、郭辉军、耿聪致辞，杜小红发言，刘东黎社长讲话。

开幕式之后举办了两个专题座谈会：《用影像为绿水青山纪实，弘扬习近平生态文明思想》专题由刘东黎社长主持，《影展点评与出版交流》专题由刘先银主任主持。“绿水青山中国森林摄影作品巡展”云南展由国家林业和草原局宣传中心、中国林业出版社、云南省林业厅主办，南方航空护林总站、西南林业大学、云南银鹏实业集团有限公司、昆明市摄影家协会、昆明市翠湖公园协办，云南银鹏文化艺术研究院，云南致公文化交流联谊会承办。

中国林业出版社社长、总编辑刘东黎以《用影像为绿水青山纪实，弘扬习近平生态文明思想》为题，做了关于“绿水青山就是金山银山”理念和生态观的交流。

刘东黎说，云南素有“动物王国”“植物王国”“森林王国”的美誉，在云南举办展览就是面向市民，贴近大众传播“绿水青山就是金山银山”生态理念，让绿水青山绿色发展理念深入人心，走进千家万户。展览内容上紧紧围绕习近平新时代中国特色社会主义思想、习近平生态文明思想、改革开放四十周年中国的发展以及国家林业和草原局的中心工作，以多彩森林、魅力湿地、森林城市、千年古树神韵、多样性的生物、美好家园等领域展现我国山山水水——中国的自然美景，秀丽的山水、丰富的植物、浓郁的风土人情和丰富的森林草原资源。

西南林业大学校长郭辉军表示，巡展通过展示山水林田湖草、人与动物及树木花卉的影像，将我国优美独特、绚丽多彩的森林景观和风光绚丽的自然生态景观呈现给社会公众，可促进人与自然和谐发展，生态环境与人文建设良性互动。

新华网－时政、人民网－黑龙江频道、人民网－国际频道、中国日报社、生活报、光明网、新浪网、搜狐网－社会频道、新闻频道－东方头条、央广网、青海新闻网等各地新闻网、广西新闻网等 20 多家媒体报道。众多媒体转载。

# “绿水青山中国森林摄影作品巡展”黑龙江展在哈尔滨开幕

国家艺术基金 2018 年度传播交流推广资助项目“绿水青山中国森林摄影作品巡展”黑龙江展 2018 年 9 月 16 日在黑龙江龙美美术馆开幕。

全国政协委员、黑龙江省文联主席傅道彬，黑龙江省林业厅常务副厅长张恒芳，哈尔滨市文化广电新闻出版局巡视员朱伟光，中国林业出版社社长、总编辑刘东黎，国家林业和草原局驻黑龙江省森林资源监督专员办事处副专员武明录，黑龙江省林业厅办公室主任牟景君、信息中心主任初晓波，中国龙江森林工业（集团）总公司宣传部长王春杰、新闻中心主任张旭光、宣传部副处长苏为民，省林业工会宣教部长徐生彬，黑龙江省摄影家协会主席、哈尔滨师范大学美术学院院长赵云龙、东北林业大学党委宣传部长翟雪峰，黑龙江龙美美术馆创办人徐海波，参展摄影师代表刘俊、徐硕等以及来自新华社、人民网、中国新闻社、中央人民广播电台、中国日报、光明日报、香港大公报、东北网、搜狐网、新浪网、中国绿色时报以及黑龙江电视台、省林业报、生活时报、新晚报等 10 余家媒体的记者出席了开幕式，100 多位各界嘉宾出席了此次发布会并参观展览。赵云龙、徐海波、刘先银致辞，徐硕发言。开幕式由国家林业和草原局宣传办公室杨玉芳处长主持。

《绿水青山中国森林摄影作品巡展》在项目组组长、中国林业出版社社长、总编辑刘东黎先生带领下，在国家林业和草原局、国家林业和草原局宣传办公室的坚强领导下，从北京到昆明到哈尔滨这一路走来，在各地主办单位、协办单位、承办单位的大力支持下，传播交流推广“绿水青山就是金山银山”的生态理念，取得了良好的社会效益。

项目组副组长刘先银致辞说，这是一次公益性的展览，是时代赋予我们的使命，也是我们应尽的一份历史责任。展出的绿水青山影像作品，正是来自全国优秀摄影师的无私奉献。这些优秀摄影师将大自然所馈赠的美丽景致、美好生活，呈现在我们观赏者的面前。展出的 200 多幅精美图片，以航拍、红外、慢速、专题等多样摄影手法，展示了美丽中国的森林、湿地、珍稀动植物、千年古树、美好家园，用摄影图片的形式记录美丽中国、绿水青山，展示自然生态资源的丰富和改革开放四十年来中国林业取得的发展成就。在一幅幅赏心悦目的图片中，观赏者会体会到摄影师心中都蕴藏着对大自然的敬畏、对艺术的尊崇。临观之义，或与或求。观宇宙之大，临草木之盛。这，真真切切是一次“绿水青山就是金山银山”生态观的交流与传播，推广与宣传。

黑龙江美术家协会主席赵云龙致辞说，“用影像为绿水青山纪实，弘扬生态文明价值理念”，这是时代的主旋律，又是林业行业的中心工作。选题从行业角度出发，占领了“绿水青山就是金山银山”这个制高点，使得选题既具有鲜明的行业特色，又使选题的立意达到了一览众山小的境界。

龙美美术馆创办人徐海波致辞说，龙美美术馆是秉承现代建馆理念而创建的集艺术与设计为一体的当代产业性公共美术馆。将艺术家的价值辐射、延伸到公众，使艺术品与公众生活真正联系起来，从而提升公众的审美能力。“绿水青山中国森林摄影作品巡展”就是引导大众自觉、全面地坚守绿色发展理念，坚守生态红线，像对待生命一样对待生态环境，像保护眼睛一样保护生态环境，有效维护人与自然和谐相处的局面，让中华大地天更蓝、山更绿、水更清、环境更优美，让绿色发展理念深入人心，走进千家万户。

开幕式之后刘东黎社长主持专题座谈会。“绿水青山中国森林摄影作品巡展”黑龙江展由国家林业和草原局宣传中心、中国林业出版社、黑龙江省林业厅、黑龙江省文化艺术界联合会主办，黑龙江省摄影家协会、哈尔滨师范大学美术学院、黑龙江龙美美术馆协办。

9 月 16 日－22 日在黑龙江龙美美术馆展出。

据悉，此次展览是巡展的收尾之展，展览结束后，组委会还将出版《绿水青山影像纪实：绿水青山中国森林摄影作品鉴赏》《绿水青山影像纪实：绿色脊梁》等主题图册。

记者采访摄影师刘俊

段植林向武明录介绍展览

美术学院的博士硕士等来参观展览

（ 中国日报黑龙江记者站 ）

# 展览评述

Exhibition Review

《绿水青山中国森林摄影作品巡展》通过项目组同志们的辛勤工作以及国家林业和草原局、国家林业和草原局宣传办公室的坚强领导，从北京到昆明到哈尔滨这一路走来，在各地主办单位、协办单位、承办单位的大力支持下，传播推广“绿水青山就是金山银山”的生态理念，取得了良好的社会效益。

这是一次公益性的展览，展出的全国优秀摄影师拍摄的200多幅精美的影像作品，正是来自全国优秀摄影师的无私奉献。这些优秀摄影师将大自然所馈赠的美丽景致、美好生活，呈现在我们观赏者的面前。

《绿水青山中国森林摄影作品巡展》以航拍、红外、慢速、专题等多样摄影手法，展示了美丽中国的森林、草原、湿地、珍稀动植物、千年古树、美好家园，用摄影图片的形式记录美丽中国、绿水青山，展示自然资源的丰富和改革开放四十年来中国林业取得的成就。在一幅幅赏心悦目的图片中，观赏者会体会到摄影师心中都蕴藏着对大自然的敬畏、对艺术的尊崇。临观之义，或与或求。观宇宙之大，临草木之盛。这，真真切切是一次“绿水青山就是金山银山”生态观的交流与传播，推广与宣传。仁者爱山，智者爱水，爱山爱水必爱森林。“绿水青山中国森林摄影作品巡展”展出的作品，表达了中国优秀摄影师对森林和自然的无比热爱和对森林和草原的深厚感情。

天地之大德就是赋予万物以生命，“万物并作，吾以观复”，天地之心化而为文。这文学有两个源头，一个体现中国文化的共性，从群众中来到群众中去的现实主义的文学《国风》；一个体现中国文化的个性的浪漫主义的文学《离骚》。总之，以通神明之德，以类万物之情。然而，“书不尽言，言不尽意。”所以摄影作为一种艺术，“观物取象”、“立象以尽意”。力求达到“不言之教，无为之益”的艺术效果。

这次来自全国的优秀摄影师通过对自然美的表现，抒发自己的情思，将自己对自然美的感悟结合在相应的摄影艺术形式之中。这次展览，像奚志农、高屯子、杜小红、杨丹、王林、刘俊、邵维玺等29位优秀摄影师，他们多年来对中国传统文化的侵淫，从中国传统而经典的审美中得到启示，将摄影的艺术实践与中国传统文化影响下形成的审美法则融会贯通，努力在实践中感悟中国审美追求形而上的“意境”“空灵”“禅意”和寓意。展览的作品，有“无我之境”的优美，那是我们的优秀摄影师于静中得之，如奚志农的作品《藏新年阳光下的藏羚羊——青海可可西里》、吕顺的作品《北京密云九搂十八杈古松》，有些作品是“有我之境”的宏壮，气势磅礴，那是优秀摄影师于由动之静时得之，如杨旭东的《梅里十三峰日照金山全景》、刘俊的《大漠胡杨——内蒙古额济纳旗溺水河畔》《马场》、孙阁的《林海》、聂延秋的《蓑羽鹤》、康成福的《闪电河——京北湿地》、杜小红的《行至水穷处坐观云起时》等等，一些作品登上了人民日报《人民网》的首页。

无论是“荡胸生层云，决眦入归鸟”，还是“落霞与孤鹜齐飞，秋水共长天一色”；不管是无我之境的优美还是有我之境的雄壮总能给人一种美的享受。偏工易就，尽善难求，唯其高明者方可得“致广大，尽精微”之境界。望秋云，神飞扬，临春风，思浩荡，悠游其中，可与天地精神往来。艺术创作开启了文明和智慧，陶冶了人的情操，开阔了人的胸襟，美化了人的心灵，提升了人的品位，升华了人的精神境界。

在与大自然的融合中，这些优秀摄影师通过其对摄影创作过程的体验，以澄澈空明的心境来看待绿水青山的一草一木、山山水水，物我感应，应目会心。意境的表达，应用了娴熟的摄影技巧，呈现出一幅幅艺术感染力的作品。欣赏过程中的观众通过作品与摄影师意境的沟通领略到超越世俗的艺术境界，从而得到美的享受，领悟“绿水青山就是金山银山”的生态观。

“天地有大美而不言”，绿水青山影像纪实就是记叙和讲述绿水青山生态文明的中国故事，宣扬绿水青山理念；通过森林故事、草原牧歌的“母体”执古之道，与时偕行，御今之有。一幅幅画面展现自然的美感、风情、威严、苍茫、仁爱、时尚等特点。

来自全国的优秀摄影师创造出来的艺术形象的这种立体性、多向性、多层面性，比摄影师主观上对现实的把握丰富得多，深刻得多，活跃得多。这就是《绿水青山中国森林摄影作品巡展》的“形象”感染“心灵”，使得“绿水青山就是金山银山”的生态观深入人心。

《绿水青山中国森林摄影作品巡展》，在不期然时而至，在悠悠然中成全，在不争不竞中得胜有余，在无言无语中滋润心灵。诚然，我们正循着绿水青山的中国道路，我们凝聚中国力量，我们弘扬中国精神，我们建设，我们行动……

让天空湛蓝，空气清新；

让森林葱郁，鸟语花香；

让河湖碧水，鱼翔浅底；

让草原牧歌，牛羊成群。

这是建设美丽中国的美好蓝图，也是实现永续发展的根本要求；这是推进生态文明建设的宏伟目标，也是绿水青山、绿色发展，以及人民对美好生活的向往。

从群众中来，到群众中去。五千年中国文化一以贯之，历久弥鲜。“绿水青山中国森林摄影作品巡展”展出200幅作品，是从来自全国摄影师的800幅作品中遴选出来的精彩的艺术精品。

摄影作品两百幅，山水林田湖草，一言以蔽之，绿水青山。

“绿水青山中国森林摄影作品巡展”可谓是一席文化大餐，值得大家细细品赏。

# 目录


**习近平生态文明思想** 016
绿水青山就是金山银山 018
生态兴则文明兴　生态衰则文明衰 020
像保护眼睛一样保护生态环境 022
良好生态环境是最普惠的民生福祉 025
生态环境保护是功在当代、利在千秋的事业 025
生态环境是关系党的使命宗旨的重大政治问题，
也是关系民生的重大社会问题 025
山水林田湖草是生命共同体 027
用最严格制度最严密法治保护生态环境 027
共谋全球生态文明建设，深度参与全球环境治理 027

**大自然的馈赠** 028
水孕育生命 031
山承载万物 048
广袤的草原和沙漠 084
多样的生物 092

**多彩的森林** 145
红石滩 147
国家森林公园 170
巴松错国家森林公园 170
然乌湖森林公园 172
沙地云杉 174
内蒙古额济纳　胡杨王神树 176
国内最美原始森林 177
白马雪山高山杜鹃林（云南） 177
尖峰岭热带雨林（海南） 180
波密岗乡林芝云杉林（西藏） 183
轮台胡杨林（新疆） 186

**梅里十三峰日照金山全景** 杨旭东 摄

拍摄于2009年10月25日梅里雪山。作品利用全景拼接照片，突破通常一张照片、一镜头的局限以及冷暖色彩的对比，突出展示了难得一见的梅里雪山日照金山的震撼美景，十三峰一览无余的威武雄壮。


**魅力湿地**……189

玛旁雍错国家级自然保护区……190

雅江中游黑颈鹤保护区……192

扎日南木错……195

**美好家园**……209

哈尔滨的秋天……209

新疆伊犁……210

洋芋花……211

晨曲……212

秋到幸福……213

心旷神怡……214

比翼双飞……216

雪中情……217

和谐共处……217

澜沧县风光……218

九龙瀑布……219

马场……220

风雪归途……221

**中华千年古树**……222

贵州思南 中华楠木王……222

西藏林芝 世界巨柏王……224

广西龙州 中华蚬木王……225

陕西周至 秦岭云杉……227

玛旁雍错之夏　李昕宇 摄

# 习近平生态文明思想

党的十八大报告把生态文明建设放在突出地位，纳入社会主义现代化建设“五位一体”的总体布局，并对“大力推进生态文明建设”作出重要部署。党的十九大报告在明确将“中国特色社会主义进入了新时代，我国社会主要矛盾已经转化为人民日益增长的美好生活需要和不平衡不充分的发展之间的矛盾”确立为我国发展新的历史方位，并就决胜全面建成小康社会、夺取新时代中国特色社会主义伟大胜利一系列全局性战略性问题作出重大决策部署的同时，又对“加快生态文明体制改革，建设美丽中国”提出了新的要求。这是我们党在深刻认识自然界和人类社会发展规律的基础上为推动我国经济社会全面协调可持续发展和推动构建人类命运共同体作出的重大决策，也是准确把握当代人类文明转型的历史必然性、顺应时代发展潮流的明智之举，不仅具有重大的现实意义，还具有深远的历史意义和重要的国际意义。

建设生态文明是中华民族永续发展的千年大计。必须树立和践行绿水青山就是金山银山的理念，坚持节约资源和保护环境的基本国策，像对待生命一样对待生态环境，统筹山水林田湖草系统治理，实行最严格的生态环境保护制度，形成绿色发展方式和生活方式，坚定走生产发展、生活富裕、生态良好的文明发展道路，建设美丽中国，为人民创造良好生产生活环境，为全球生态安全作出贡献。

**央迈勇晨光** 杨旭东 摄
作品拍摄于 2015 年 10 月 17 日央迈勇。作品巧妙利用溪流作镜面对称，斜线构图，展现出远景晨光中央迈勇的高峻挺拔的山峰，中景绿阴秀雅的湖畔，以及近景水色翠蓝的湖泊，大面积的冷色调给人幽静清远之感，更使倒影中所呈现出另一种暖色成为点睛的奇幻色彩。

## 绿水青山就是金山银山

2013 年 9 月 7 日，习近平总书记在哈萨克斯坦纳扎尔巴耶夫大学回答学生问题时指出，我们既要绿水青山，也要金山银山。宁要绿水青山，不要金山银山，而且绿水青山就是金山银山。

2014 年 3 月 7 日，习近平总书记在参加全国两会贵州代表团审议时进一步指出，绿水青山和金山银山决不是对立的，关键在人，关键在思路。

2018 年 5 月，习近平总书记在全国生态环境保护大会上强调，绿水青山就是金山银山，贯彻创新、协调、绿色、开放、共享的发展理念，加快形成节约资源和保护环境的空间格局、产业结构、生产方式、生活方式，给自然生态留下休养生息的时间和空间。

小兴安岭　刘俊 摄

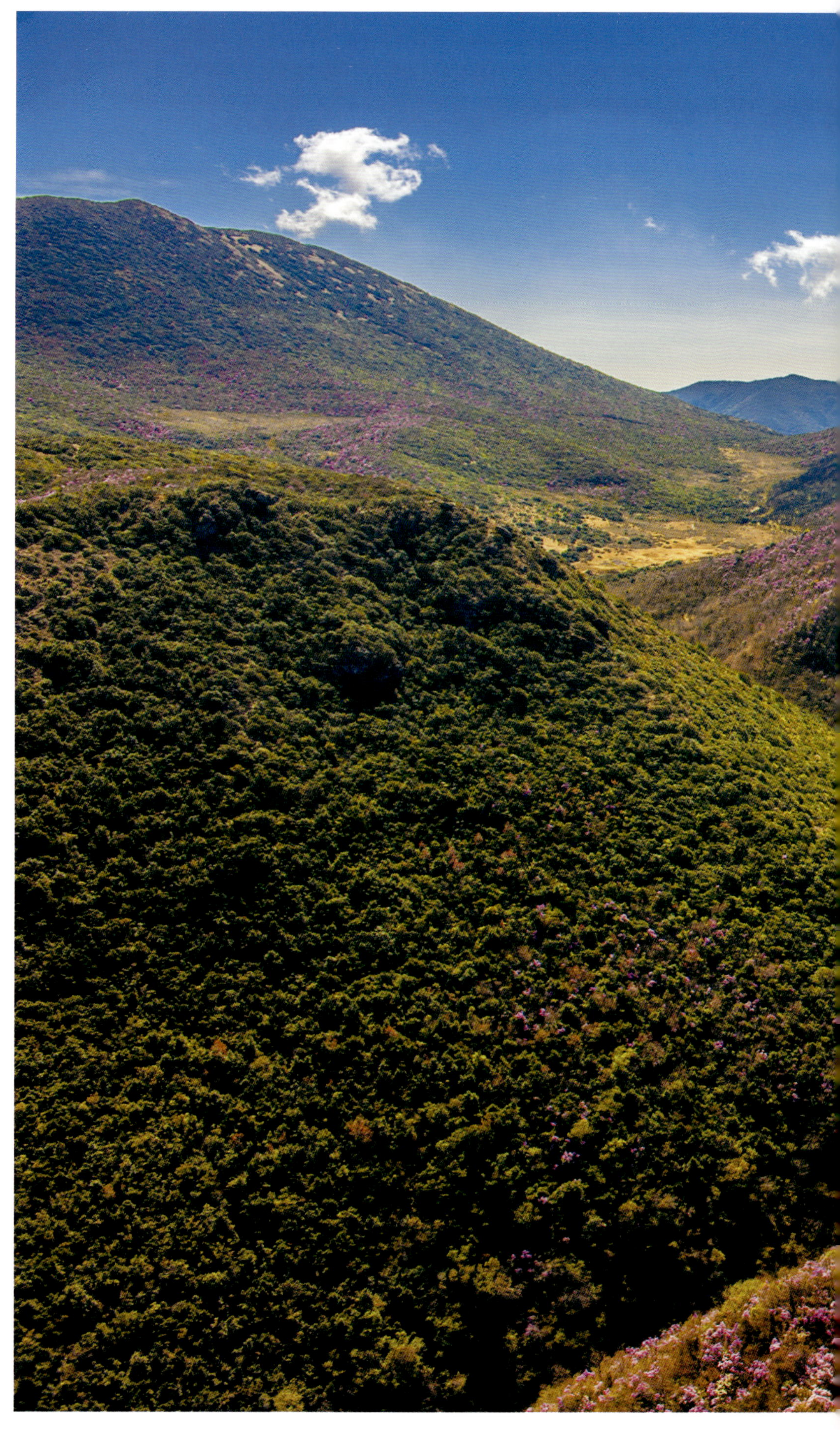

## 生态兴则文明兴　生态衰则文明衰

2018 年 4 月 2 日，习近平总书记在北京市通州区张家湾镇参加首都义务植树活动时强调，今天，我们来这里植树既是履行法定义务，也是建设美丽中国、推进生态文明建设、改善民生福祉的具体行动。

2013 年 5 月 24 日，习近平总书记在中共中央政治局第六次集体学习时指出，建设生态文明，关系人民福祉，关乎民族未来。党的十八大把生态文明建设纳入中国特色社会主义事业五位一体总体布局，明确提出大力推进生态文明建设，努力建设美丽中国，实现中华民族永续发展。这标志着我们对中国特色社会主义规律认识的进一步深化，表明了我们加强生态文明建设的坚定意志和坚强决心。

2018 年 5 月，习近平总书记在全国生态环境保护大会上强调，生态文明建设是关系中华民族永续发展的根本大计。中华民族向来尊重自然、热爱自然，绵延 5000 多年的中华文明孕育着丰富的生态文化。生态兴则文明兴，生态衰则文明衰。

洱海的早晨　余国勇　摄

极目苍洱 3　杜小红　拍摄于大理苍山洱海

## 像保护眼睛一样保护生态环境

2015年3月6日，习近平总书记在参加全国两会江西代表团审议时指出，环境就是民生，青山就是美丽，蓝天也是幸福。要像保护眼睛一样保护生态环境，像对待生命一样对待生态环境。

2018年5月，习近平总书记在全国生态环境保护大会上强调，坚持人与自然和谐共生，坚持节约优先、保护优先、自然恢复为主的方针，像保护眼睛一样保护生态环境，像对待生命一样对待生态环境，让自然生态美景永驻人间，还自然以宁静、和谐、美丽。

“一定要把洱海保护好，‘让苍山不墨千秋画、洱海无弦万古琴’的自然美景永驻人间。”2015年1月，习近平总书记到云南省大理州考察时，对洱海的保护治理作出重要指示。

美丽山村　晋翠萍　拍摄于安徽歙县　阳产土楼村的秋色　2018年4月8日下午阳产，位于皖南山区的深渡镇，阳产土楼是一个依山而筑的小山寨。这里由于地势高，交通不便，数百年来，山民就地取材，采周边青石铺路架桥，取红壤木材筑巢而居，日出而作，日入而息，渴饮山泉，饿食五谷，多种农作物生长，子孙延续。流年之中，形成了鳞次栉比、错落有致、质朴壮观的土楼群。

## 良好生态环境是最普惠的民生福祉

2013 年 4 月，习近平总书记在海南考察工作时指出，保护生态环境就是保护生产力，改善生态环境就是发展生产力。良好生态环境是最公平的公共产品，是最普惠的民生福祉。

2018 年 5 月，习近平总书记在全国生态环境保护大会上指出，良好生态环境是最普惠的民生福祉，坚持生态惠民、生态利民、生态为民，重点解决损害群众健康的突出环境问题，不断满足人民日益增长的优美生态环境需要。

在这次会议上，习近平总书记提出一系列生动形象的生态文明建设目标：

——还老百姓蓝天白云、繁星闪烁

——还给老百姓清水绿岸、鱼翔浅底的景象

——让老百姓吃得放心、住得安心

——为老百姓留住鸟语花香田园风光

## 生态环境保护是功在当代、利在千秋的事业

2012 年 12 月，习近平总书记在广东考察时谆谆告诫，我们在生态环境方面欠账太多了，如果不从现在起就把这项工作紧紧抓起来，将来付出的代价会更大。

2013 年 5 月 24 日，习近平总书记在十八届中央政治局第六次集体学习时强调，生态环境保护是功在当代、利在千秋的事业。要清醒认识保护生态环境、治理环境污染的紧迫性和艰巨性，清醒认识加强生态文明建设的重要性和必要性，以对人民群众、对子孙后代高度负责的态度和责任，真正下决心把环境污染治理好、把生态环境建设好，努力走向社会主义生态文明新时代，为人民创造良好生产生活环境。

2018 年 4 月 24 日，习近平总书记在湖北宜昌长江岸边的兴发集团新材料产业园考察时，强调长江经济带建设要共抓大保护、不搞大开发，不是说不要大的发展，而是首先立个规矩，把长江生态修复放在首位，保护好中华民族的母亲河，不能搞破坏性开发。

## 生态环境是关系党的使命宗旨的重大政治问题，也是关系民生的重大社会问题

2013 年 4 月 25 日，习近平总书记在十八届中央政治局常委会会议上指出，我们不能把加强生态文明建设、加强生态环境保护、提倡绿色低碳生活方式等仅仅作为经济问题。这里面有很大的政治。

2014 年 2 月 25 日，习近平总书记来到北京市规划展览馆考察调研。他表示，网上有人给我建议，应多给城市留点“没用的地方”，我想就是应多留点绿地和空间给老百姓。

2018 年 5 月，习近平总书记在全国生态环境保护大会上再次强调，生态环境是关系党的使命宗旨的重大政治问题，也是关系民生的重大社会问题。广大人民群众热切期盼加快提高生态环境质量。我们要积极回应人民群众所想、所盼、所急，大力推进生态文明建设，提供更多优质生态产品，不断满足人民群众日益增长的优美生态环境需要。

**畅游大阳埠** 晋翠萍 拍摄于安徽芜湖 2018 年 3 月 31 日下午大阳埠湿地公园，一位幼儿园的小朋友兴致勃勃地畅游忘返。

## 山水林田湖草是生命共同体

2013年11月，习近平总书记对《中共中央关于全面深化改革若干重大问题的决定》作说明时指出，我们要认识到，山水林田湖是一个生命共同体，人的命脉在田，田的命脉在水，水的命脉在山，山的命脉在土，土的命脉在树。

2018年5月，习近平总书记在全国生态环境保护大会上进一步指出，山水林田湖草是生命共同体，要统筹兼顾、整体施策、多措并举，全方位、全地域、全过程开展生态文明建设。

## 用最严格制度最严密法治保护生态环境

2013年5月24日，在十八届中央政治局第六次集体学习时，习近平总书记指出，只有实行最严格的制度、最严密的法治，才能为生态文明建设提供可靠保障。

2018年4月25日，习近平总书记乘船考察长江，抵达石首港。随后，驱车一个多小时来到湖南岳阳，考察了位于长江沿岸的岳阳市君山华龙码头。这里曾经是非法采砂石码头，如今已经整治复绿，尽显生机。

2018年5月，习近平总书记在全国生态环境保护大会上再次强调，用最严格制度最严密法治保护生态环境，加快制度创新，强化制度执行，让制度成为刚性的约束和不可触碰的高压线。

## 共谋全球生态文明建设，深度参与全球环境治理

2017年1月，习近平在瑞士日内瓦万国宫出席“共商共筑人类命运共同体”高级别会议并发表主旨演讲时强调，我们应该遵循天人合一、道法自然的理念，寻求永续发展之路。要倡导绿色、低碳、循环、可持续的生产生活方式，平衡推进2030年可持续发展议程，不断开拓生产发展、生活富裕、生态良好的文明发展道路。

2017年10月18日，习近平总书记在作党的十九大作报告时指出，引导应对气候变化国际合作，成为全球生态文明建设的重要参与者、贡献者、引领者。

2018年5月，习近平总书记在全国生态环境保护大会上指出，共谋全球生态文明建设，深度参与全球环境治理，形成世界环境保护和可持续发展的解决方案，引导应对气候变化国际合作。

**行至水穷处 坐看云起时　杜小红 摄**
摄于怒江大峡谷尾部的保山市隆阳区，怒江大峡谷为世界第三大峡谷，东西岸雄峙着碧罗雪山和高黎贡山。高黎贡山被誉为物种基因库，高等植物记录种多达5500多种，特有植物就有500余种。被世界教科文组织列为世界生物圈保护区。高黎贡山横跨于我国西南边陲云南的最西边，环抱在怒江和伊洛瓦底江之间。这里山峰险峻，生物多样性极其丰富。从高黎贡山上空看，怒江犹如从天际流来。

# 大自然的馈赠

摄影是观察的艺术，平凡的景物和摄影师相遇将是一次幸会，是摄影师的到来可以将它变得不再平凡，那就是表现摄影师创造性的瞬间，那一瞬也将不再重现。摄影师喜欢观察那些貌不出众朴素无华的景物，经常与他们接触，给摄影师带来的都是意外的惊喜，出自这种环境的作品总会散发出另外一种意境。

小兴安岭之秋　刘俊 摄

**它树尽因霜雪红 唯我青松不动容——幸福　杜小红 摄**

黑龙江沾河林业局幸福林场位于五大连池市。五大连池火山最后一次喷发于乾隆年间，仅仅 200 余年，火山岩熔地上已是森林密布。为保护东北红松优质种原，在这里建立了母树林基地。图中绿色的为红松母。

**大美芜湖** *晋翠萍 拍摄于安徽芜湖 2015 年 9 月 9 日*

芜湖，简称“芜”，别称江城，中国的四大米市之一，安徽省地级市、安徽省双核城市、国家区域中心城市、长三角大城市、华东地区重要的科研教育基地、芜湖地处长三角西南部，南倚皖南山系，北望江淮平原。是华东重要的工业基地、科教基地和全国综合交通枢纽。穿城而过的青弋江是长江的一个支流，它将美丽的江城分为南北。

## 水孕育生命

水是生命不可缺少的物质，我们的星球正是有了水，才孕育了生命。

天一生水，地六成之。

水孕育生命。古往今来，水无处不在，它穿越了千年的岁月，流淌在我们的生活中，浸染在我们的生命里。中国文化历来崇水。孔子曰：“仁者乐山，智者乐水。”水至柔的灵性，在老子看来就是：天下莫柔弱于水，而攻坚强者莫之能胜。文学作品中，那些翩翩的少年，立岸唱道“所谓伊人，在水一方”；那些充满智慧的哲人，临河而观“逝者如斯夫，不舍昼夜”；那些送别朋友的才子，遥望着远去的故人，直道“孤帆远影碧空尽，唯见长江天际流”；那些踌躇满志的诗人，驻岸而思，吟道“大江东去浪淘尽，千古风流人物，故垒西边”。

水的力量，在深海里涌动，在湿地中流淌。

让城市涌动着水的灵气给子孙留下优美的湿地。

**漓江渔歌** 晋翠萍 拍摄于广西桂林，漓江畔渔民作业的场景 2018年5月31日

漓江，属珠江流域西江水系，为支流桂江上游河段的通称，位于广西壮族自治区东北部。传统意义上的漓江起点为桂江源头越城岭猫儿山，现代水文定义为兴安县溶江镇灵渠口，终点为平乐三江口。漓江上游河段为大溶江，下游河段为传统名称的桂江。灵渠河口为桂江大溶江段和漓江段的分界点，荔浦河、恭城河口为漓江段和桂江段的分界点。漓江段全长164公里。

镜泊湖冰瀑　张利军 摄 2017 年 2 月 2 日

凉山螺髻山高山湖　金礼国 摄 2014 年 4 月

澎湃　刘俊 摄

黄河，中华民族的母亲河，她宛若一条巨龙从远古走来，奔流不息，横亘中华大地。黄河，见证了亿万年黄河人的诞生，滋养了五千年中华文明的辉煌，也亲历了中华民族所遭受的欺凌和羞辱。她，既造就了沿岸的万顷良田和城乡繁华，也曾因决口泛滥和改道而使亿万百姓命亡黄泉或流离失所。保护母亲河是事关中华民族伟大复兴和永续发展的千秋大计！

黄河是中华民族的母亲河和中华文明的摇篮，党中央、国务院历来高度重视黄河流域生态环境的保护和发展。习近平总书记 2016 年在视察黄河时指出，要下功夫推进水污染防治，保护重点湖泊湿地生态环境，让母亲河永远健康。

2019 年 9 月 18 日，习近平在河南主持召开黄河流域生态保护和高质量发展座谈会时强调，要共同抓好大保护，协同推进大治理，着力加强生态保护治理、保障黄河长治久安、促进全流域高质量发展、改善人民群众生活、保护传承弘扬黄河文化，让黄河成为造福人民的幸福河。

习近平总书记强调，治理黄河，重在保护，要在治理。要坚持山水林田湖草综合治理、系统治理、源头治理，统筹推进各项工作，加强协同配合，推动黄河流域高质量发展。

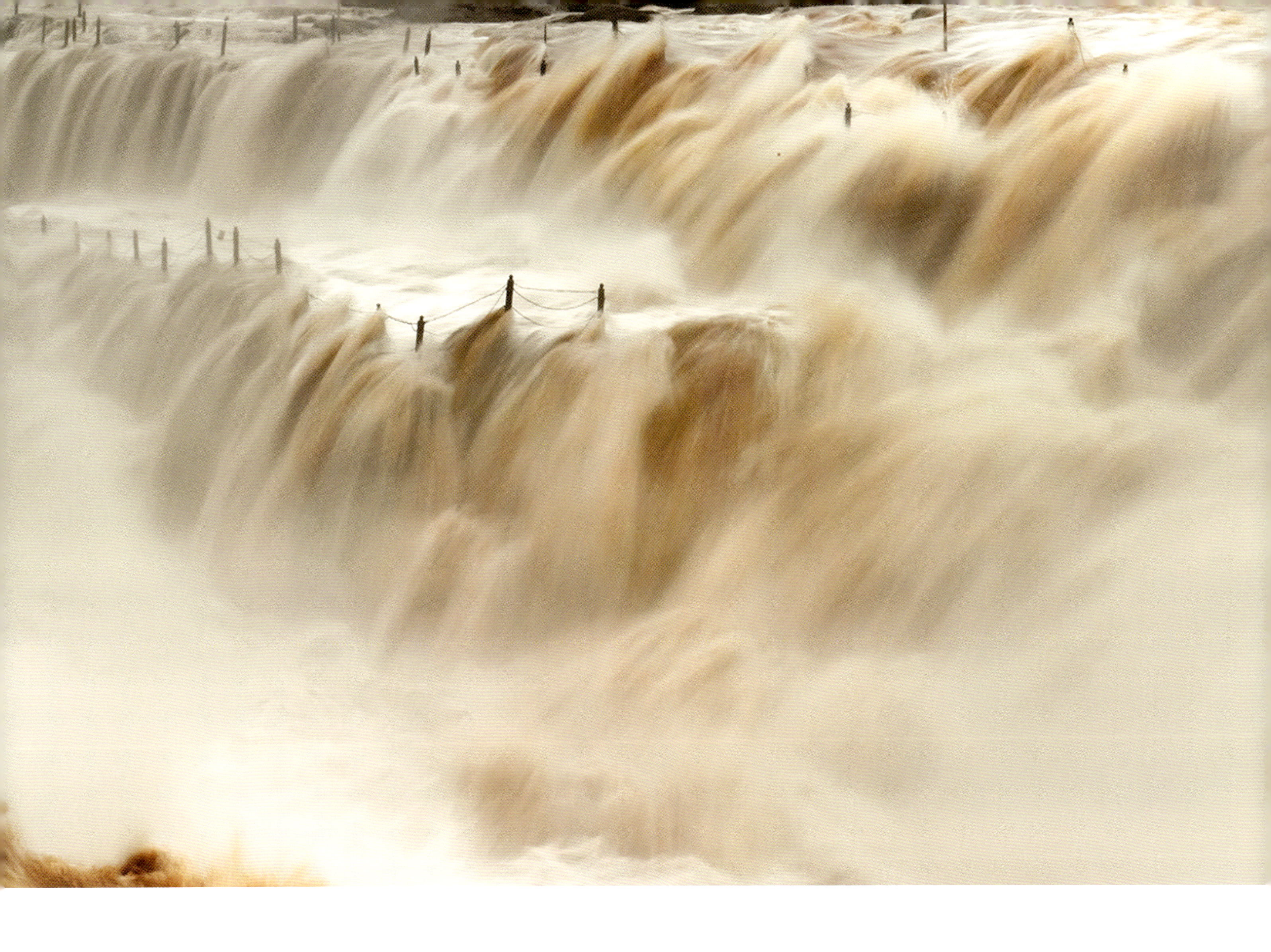

黄河不仅是一条自然之河，也是一条文化之河，她代表着我们的祖国母亲，又是中华儿女共同的精神家园。黄河还是我们难以割舍的牵挂。黄河在汉代之前并不称黄河，而是称河或大河，河水曾经是清的。由于受人类活动的影响，水土流失不断加剧，河水由清变黄。两千多年前的春秋时代，古人曾发出“俟河之清，人寿几何？”的咏叹和疑问。

2000 年 8 月 19 日为保护长江、黄河、澜沧江三条大河的发源地在青海省玉树藏族自治州成立三江源自然保护区，并在通天河畔树立纪念碑，时任国家主席的江泽民同志亲自题写“三江源自然保护区”的碑名。纪念碑碑体由 56 块花岗岩堆砌而成，象征中国 56 个民族；碑体上方两只巨形手，象征人类保护“三江源”。

黄河是中华民族的根脉，我们中华儿女正在继承数千年来祖先流传下来保护黄河的伟大精神，开创让黄河水变清澈、造福千秋万代的宏伟绩业。

在中国辽阔的版图上，北有黄河，南有长江，两条大河自西向东奔流入海，哺育了中华民族，孕育了中华文明。保护母亲河是事关中华民族伟大复兴和永续发展的千秋大计！黄河所承载的历史记忆实在太过厚重，关于她的可歌可泣的感人故事实在太多太多……

**澜沧江中游**　杜小红 摄
澜沧江中游：澜沧江被誉为东南亚母亲河，流经云南段该为两岸青山。

**飞瀑散轻霞**　陈江林 摄

赶海　陈江林 摄

乾坤——漠河　杜小红 摄

九寨沟长海冬韵　高屯子 摄

老君山九十九龙潭　杜小红 摄

老君山九十九龙潭：老君山跨云南省怒江州、大理州、丽江市三州。山上原始林密布，山脊上有约百个高山地质塌陷湖。

**黄龙五彩池** 高屯子 摄
阿坝藏族羌族自治州松潘县平松路附近黄龙国家地质公园内，
位于四川省西北部，与青海省、甘肃省交界。

黄龙五彩池　高屯子 摄

黄河第一湾湿地　高屯子 摄

红原大草原湿地　高屯子 摄

静而与阴同德　张增顺 摄

动则浩然与阳同波　张增顺 摄

静与动，感而后应　张增顺 摄

## 山承载万物

如果说水意味着生命的源泉，那么山则与生命的厚重息息相关。古代著作《周易》谦卦中如此解释山，山虽高大，但处于地下，高大显示不出来，以此喻人德行很高，但能自觉地不张扬。古语有云“壁立千仞，无欲则刚”“泰山不拒细壤，故能成其高”山被视为崇高的象征，承载着中华民族的灵魂，它是归隐者宁静的天堂，是心灵的栖息地，无论是居庙堂之高，还是处江湖之远，心念之地必有山。

于是，拜谒齐天高峰，问道天下名岳，体现了中华民族对山的向往。诗人旖旎了山的葱郁，李白与山相伴，一句“五岳寻仙不辞远，一生好入名山游”道尽心中山情；画家泼墨了山的秀丽，范宽与山同游，其画作《溪山行旅图》举世闻名；哲人沉淀了山的气节，孔子有云“仁者乐山”，仁者之乐，如山般宁静、伟大；政客积累了山的精神，毛泽东诗云“独立寒秋，湘江北去，看万山红遍，层林尽染，百舸争流”其壮志豪情可见一斑。

山 金礼国 拍摄于南充市 2018 年 6 月

登高而望　张利军 拍摄于伊春 2016 年 10 月 6 日

在路上 金礼国 拍摄于泸定县四人同山 2017 年 1 月

不屈的意志 金礼国 拍摄于牛背山 2016 年

大理鸡足山　乔崎 摄

坝上朝霞　王林 摄

**洱海日出** 余国勇 摄

该作品表达的是苍山不同时期、不同季节，苍山特有的自然风光。

关于摄影，我不愿在技术与技巧上有着重讨论。因为摄影已成为当代表达思想和情感的一种主要手段，一个人的人生观，世界观和自我感受，是为摄影作品的首要因素，每一张照片在具备欣赏价值的同时，都隐含着作者的情感，或明或暗。我们通过摄影，感受到艺术审美华丽的震撼，在欣赏，敬畏，并择善而从的同时，以一颗匠人之心，使之同样震撼世界。

马场光影　刘俊 摄

丹霞地貌 刘俊 摄

摄影是光的语言，是技术与心智的结合，可归纳为意境。意境——就是天人合一。阴阳是宇宙循环的秘密，万物皆有阴阳属性，阴阳亦可用来诠释摄影：阴为镜头下呈现出的万象，为身外一切客观事物，它的形态和存在，均应心成型，所以为虚。阳为你赋予镜头中万物的情识，万物的存在因有了情感的注入，才有好坏与美丑之分，所以为实。有虚有实，阴阳和合，不偏不倚才能称之为中道之美。《诗经》有云：“巧笑倩兮，美目盼兮，素以为绚兮。”

丹霞城堡 刘俊 摄

云海　刘俊　拍摄于山西省芦芽山国家自然保护区

仙境　刘俊　拍摄于山西省芦芽山国家自然保护区

古树晨韵　刘俊　拍摄于山西省管涔山国家森林公园

杏花沟　陈江林 摄

大凉山谷克德湿地中5月粉红色杜鹃花　杨勇 摄

苍山佛光　余国勇 摄

该作品表达的是苍山不同时期，不同季节、苍山特有的自然风光。

**霜染深秋** 刘俊 拍摄于山西省管涔山国有林区

苍山小石林　余国勇 摄

绿，地球大陆的基本底色；树木，人类生存环境的卫士。拓展无边的森林和无际的绿植，是人们创造最佳生态环境的梦想，也是作为摄影爱好者们的拍摄企望。基于此种诱惑，摄影师也将自己的拍摄视角投向了古老而又年轻的燕山。

作为京城三大卫山之一，燕山曾创造过古地质年代中的造山运动，长城从它头顶飞过，其峰峦间关隘密布，经历了数千年的战火洗礼。古老，让它蕴蓄了深厚的文化底蕴，同时也饱受重创，山体和植被遭严重破坏。在近年的入山采风中，摄影师惊喜地发现，它正在经历着由荒山到绿树成阴的变化，残损的古老山脉正在获得新的生命，变得生气蓬勃。感动中，摄影师也在不停地找寻着最佳的镜头语言。幸运的是，摄影师终于觅到了这样的良机。

2018 年 6 月的一天向晚，摄影师沿着残破的野长城，登上了一座位于高山之巅的敌楼。举目俯瞰、远眺，群山浩莽，绿涛汹涌，并有层次地推向遥远的天际。而此时夕阴初漫，晚霞余晖待湮，天地微黛，山川色彩青苍而又厚重，恰是古诗人所描绘的“青山无墨千秋画”的景象：是油彩，是水墨？是线笔，还是徐皴？气势磅礴，浑然天成。这让摄影师忽然联想到国画大师李可染的山水画作品，浓墨重彩，又新意盎然。噢，这幅千载难逢的画面，就是摄影师想要表达的当下的燕山——既有生机又富文化内涵的燕山，它正在成为京城的最佳屏障和人类宜居的生态环境。那一刻，摄影师很是激动，便迫不及待地打开相机，迅速地按下快门，留下了这帧难忘的作品。

绿满山谷　全进　摄

**江中山** 杜小红 拍摄于高黎贡山最南尾端

摄于云南省保山市，（E99 度 10 分 20 秒；N24 度 19 分 30 秒）。这个湾跨两个市县，整个湾流程约 18 公里，怒江在这里回望祖国后流入缅甸被称为萨尔温江。

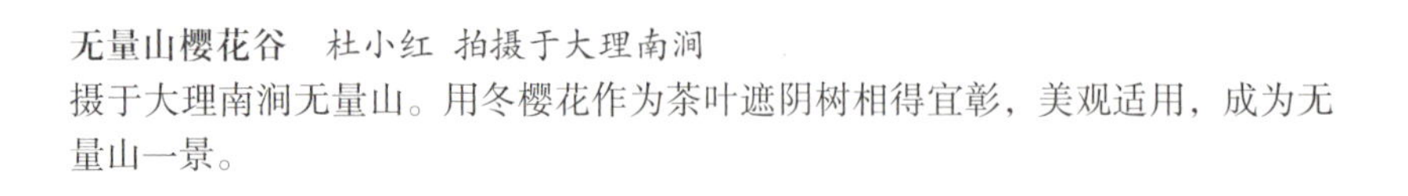

**无量山樱花谷** 杜小红 拍摄于大理南涧

摄于大理南涧无量山。用冬樱花作为茶叶遮阴树相得宜彰，美观适用，成为无量山一景。

四姑娘山长坪沟　高屯子 摄

白石晴云全景　孙阁 摄

苍山之夏　余国勇 摄

回旋　孙阁 摄

高山之巅　许兆超 摄

村庄　张增顺 摄

浪漫的白石山　孙阁 摄

### 景观作品应经得起“取景”

大家也许都有这样的体会，景观作品应经得起“取景”。有些景观建成后粗看很是“热闹”，但真要拿起相机取景时，往往很难找到一幅满意的“构图”，或是构图失去均衡；或是画面缺少必要的主体，或是色彩层次不够，或是——其实一个真正好的景观设计作品建成后除了应经得起公众“看”以外，还应经得起摄影师的“取景”，既我们通常所说的“要有好的景点”。技术过硬的作品经得住放大，构图过硬的作品经得住缩小，好的作品经得住反复推敲，经得起时间的考验。

**长白山之秋**　徐硕 摄

《长白山之秋》释义：长白山脉与大小兴安岭共同勾勒成了四季分明的东北平原，这片三角地带在天然屏障的保护下四季分明、土层肥沃，在历史上孕育了从女真族开始的长达500多年的满族文化。《长白山之秋》这张图片拍的便是被满人奉为祖先发源地长白山脉主峰上的鹰嘴峰和天池东水面，鹰嘴峰峰顶有如鹰嘴般伸向天池，这座火山喷发浮石构成的山峰，呈灰白浅黄的浮石色，峥嵘突兀的山石记载了长白山几万年前大规模喷发的景象。图片的拍摄季节是9月下旬，定格的是秋日晴好天气映衬着碧波潋滟的天池水面。长白山有神山圣水传说，虽然山间气候复杂，每年上山不得见天池之游人十之有半，但不远万里的游客们仍然一年四季络绎不绝，更有游客几登长白只为一睹神山真容。

**西藏林芝 白云悠悠** 刘俊 摄
西藏林芝，清风徐徐，白云悠悠，空山鸟语，宁静致远。

雾灵双虹　孙阁 摄

夕映叠嶂　孙阁 摄

万峰叠翠　孙阁 摄

峡谷明珠——贡山　杜小红 摄

万里长江第一湾　陈宏刚 摄 2015年5月

祁连山草原　刘俊 摄

## 广袤的草原和沙漠

沙漠地域大多是沙滩或沙丘，植物稀少、降水稀少、属空气干燥的荒芜地区。

中国沙漠（包括戈壁及半干旱地区的沙地）总面积达 130.8 万平方公里，约占全国土地总面积的 13.6%，集中分布在北方 9 个省区。其中比较大的沙漠有 12 处。它们分别是塔克拉玛干沙漠、古尔班通古特沙漠、巴丹吉林沙漠、腾格里沙漠、柴达木沙漠、库姆塔格沙漠、库布齐沙漠、乌兰布和沙漠、毛乌素沙漠、科尔沁沙地、浑善达克沙地以及呼伦贝尔沙地。荒凉、凄美的沙漠一直受到边塞诗人的青睐，“大漠孤烟直，长河落日圆”“大漠穷秋塞草腓，孤城落日斗兵稀”，这流芳百世的名句，为我们勾画出一幅壮美的大漠图景。

而今天，随着科技的发展，沙漠逐渐被人们所重视。沙漠蕴藏着丰富的矿物质资源和动植物资源，被人们誉为“沙漠宝藏”。沙海掩埋了的千年城池也成为考古爱好者的研究胜地。在沙漠的探寻过程中，人们逐渐发现了保护环境，防止土地沙漠化的重要性，人们致力于改造沙漠，打造沙漠里的“世外桃源”，为沙漠披上了碧绿的盛装，焕发无限生机。

祁连山草原风光旖旎　刘俊 摄

## 库布齐沙漠，未来的森林

照片拍摄于内蒙古自治区鄂尔多斯市的库布齐沙漠，

- 它是中国第七大沙漠，
- 总面积 1.39 万平方公里，
- 流动沙丘约占 61%。
- 经过治理 1/3 的沙地取得绿化成果，
- 2017 年荣获联合国颁发的 2015 年度土地生命奖。

库布齐沙漠是距北京最近的沙漠。位于鄂尔多斯高原脊线的北部，内蒙古自治区鄂尔多斯市的杭锦旗、达拉特旗和准格尔旗的部分地区。长 400 公里，宽 50 公里，沙丘高 10~60 米，像一条黄龙横卧在鄂尔多斯高原北部，横跨内蒙古三旗。形态以沙丘链和格状沙丘为主。

库布齐沙漠绿草徐生　李跃进 摄

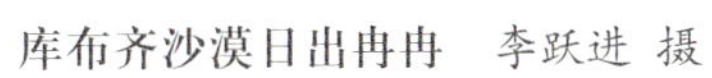

库布齐沙漠日出冉冉　李跃进 摄

库布齐沙漠绿草茵茵　李跃进 摄

库布齐沙漠流光溢彩　李跃进 摄

库布齐沙漠绿意盎然　李跃进 摄

牧牛　王林 摄

韵　晋翠萍 拍摄于安徽黟县 奇墅河的早晨 2017 年 11 月 8 日上午

大漠胡杨　刘俊 拍摄于内蒙古额济纳旗弱水河畔

滦河神韵　康成福 拍摄于京北湿地

闪电河　康成福 拍摄于京北湿地

## 多样的生物

**中国是世界上野生动物种类最多的国家**

- 脊椎动物约有 4880 种，占世界总数的 11%。
- 其中兽类 410 种，鸟类 1180 种，爬行类 300 种，两栖类 190 种，鱼类 2800 种。
- 大熊猫、金丝猴、白鳍豚、白唇鹿、扭角羚、褐马鸡、扬子鳄、朱鹮等，是中国独有的珍稀动物。
- 东北的丹顶鹤，川陕甘的锦鸡，滇藏的蓝孔雀，以及绶带鸟、大天鹅和绿鹦鹉等，均为名贵珍禽。

**中国植物种类繁多**

- 种子植物（含裸子植物和被子植物）约有 2.5 万种，其中裸子植物约有 200 多种，占世界的 1/4，被子植物近 3000 个属。木本植物有 7000 多种，其中乔木 2800 多种。
- 水杉、银杏、金钱松等保存下来的中国特有的古生物种属，为举世瞩目的“活化石”。

**马可波罗盘羊** 奚志农 拍摄于新疆塔什库尔干
2006 年 8 月，夏季帕米尔高原植被稀疏的山坡上，集成大群的公羊朝着镜头奔驰而来。年长的公羊冲在最前面，年轻的公羊在后面。

**蓑羽鹤** 聂延秋 摄

**滇金丝猴**　奚志农 摄

云南白马雪山，2006 年 11 月，滇金丝猴主要栖息在海拔 3000 米 -4700 米的高山暗针叶林带，但有些分布靠南的种群也会在海拔较低的阔叶林中活动。

**滇金丝猴**　奚志农 摄
云南白马雪山，2006 年 11 月，滇金丝猴的主食是松萝，这只母猴正采食一种更好吃的黑色松萝。

**藏羚羊过马路**　奚志农 摄
青海可可西里，2011 年 8 月，在可可西里产仔结束的母藏羚羊，带着小羊返回栖息地的途中，正在穿越青藏公路。

高黎贡巨松鼠　许胜 拍摄于云南高黎贡山 2016 年 3 月

王子归来　许胜　拍摄于云南高黎贡山 2014 年 2 月

戏蝶 陈江林 摄

森林一家子 陈江林 摄

**大鵟** 耿栋 摄

大鵟，青藏高原最常见的猛禽，过去10多年间数量减少。10多年前开车在高原公路上行驶，路边的电线杆上站着很多猛禽，数量多的路段，可以看到一个电杆上站着一只；种类也多，从一个县城开车到另外一个县城，运气好可以看到10多种猛禽。现在，想看见猛禽难多了。

**小普陀** 余国勇 摄

**华北豹** 周哲峰 摄

雪豹幼崽　李昕宇　拍摄于西藏阿里地区

雪豹　耿栋　摄

2015 年 11 月，珠峰雪豹保护中心联合珠峰国家级自然保护区管理局和吉隆、定日、日喀则、定结分局，北京林业大学自然保护区学院野生动物研究所一起在珠峰高海拔地区进行雪豹调查，除安装红外相机进行雪豹分布区域的监测和数量调查外，专门安排了野生动物摄影师拍摄雪豹，摄影师耿栋有幸和一家三口的雪豹家庭在一个峡谷突然偶遇，两只小雪豹和雌雪豹迅速分开向峡谷深处走去，雌雪豹顺着碎石坡向上攀爬，给摄影师很好的拍摄机会。这是珠峰地区第一次用 4K 高清视频拍摄的雪豹影像。在拍摄过程中，雌雪豹不停向峡谷深处张望，显然在担心两只小雪豹的安危，摄影师观察到雌雪豹深情后，迅速和同伴撤离峡谷，以期雪豹一家尽快团聚，避免小雪豹在此时受到其他更大型动物如棕熊、狼、猞猁的伤害。

恋人　孙阁 摄

滇金丝猴·母与子　奚志农
拍摄于云南昆明
这张摄于1995年的滇金丝猴母子照片，已经超越了画面本身，成为了中国民间环保力量兴起的象征，也是对用“影像保护自然”最好的诠释。

**幽谷飞鸟** 周彬 摄

这是吕梁山余脉的一处山谷。山谷不深，每每凌晨，这里的太阳总是被褐马鸡的咕咕声唤醒，在幽静的山谷中回荡而悠扬。走进这条山谷，也就是踏入了一个鸟类生存的温馨小环境，在观察期间褐马鸡和他的邻居们有多达 10 余种，她们虽然偶尔会有争斗却还是和谐着啼鸣在这份幽静之中。随着四季的更替，褐马鸡的邻居们也轮番出演。

**藏历新年阳光下的藏羚羊** 奚志农 拍摄于青海可可西里

农历十六的月亮正缓缓落下，2010 年的第一缕阳光把这群小藏羚羊染成了金色。

陕西汉中油菜花盛开的季节　刘俊 摄

多彩田园　刘俊 摄

10月15日，我搭乘的航班即将飞抵哈尔滨上空时，我顺着窗户望去，哇！一幅幅美丽的自然风光呈现在眼前，湖泊，河流，村庄，农田，尤其是那金黄色的大面积稻田和绿色田园，蓝色水面相间的美丽画面。好一派北国风光。也使我想起了毛泽东主席的千古绝句：喜看稻菽千重浪，遍地英雄下夕烟。

惚恍气象冥窈深幽　刘俊 摄

雾锁林海　刘俊 拍摄于伊春五营区丰林国家自然保护区

汤旺河畔稻谷香秋色浓 刘俊 摄

**原始森林山峦连绵云舒云卷** 刘俊 拍摄于伊春五营区丰林国家自然保护区

**雾飘飘兮林朦胧** 刘俊 拍摄于伊春五营区丰林国家自然保护区

雾锁林海　刘俊 拍摄于伊春五营区丰林国家自然保护区

夕阳无限好　刘俊 摄

五营位于黑龙江省伊春市北部，小兴安岭南坡腹地，汤旺河中上游，因盛产红松，素有“红松故乡”之美称，是黑龙江省森林生态旅游示范区和省级风景名胜区。行政区划面积1470平方公里，森林覆盖率为93.2%。五营自然资源十分丰富，有我国保护最好、结构最完整的原始红松林及多种珍贵树种。

五营区山峦起伏。林海浩荡，溪流纵横，四季分明，城在林中，林在城中。境内有红松原始林国家森林公园，有被联合国科教文组织批准纳入世界人与生物圈保护网络的丰林国家级自然保护区，翠北湿地国家级自然保护区和五营地质公园。原始林国家森林公园，景区四季分明，景色各异。初春杜鹃花在残雪尚未融尽时，它们便竞相开放。盛夏，花香松翠，鸟鸣莺飞，气候宜人，景色怡人。

初秋，美丽的五花山色，风清日丽，景色鲜明。冬季，林海雪原冰清玉洁，别有一番滋味！丰林国家级自然保护区内山峦起伏，古树参天，刚劲挺拔的红松遮天避日，呈现出原始森林公园的壮丽景观。红松林平均年龄250年，最大树龄达600多年，保护区内生物资源极为丰富，是难得的科研，观光，考察，旅游之胜地。

翠北湿地国家级自然保护区地处小兴安岭山脉腹部北坡，保护区有完整的小兴安岭原始湿地景观，湿地生态系统类型齐全，并与森林生态系统呈镶嵌分布。可见森林沼泽，草木沼泽，藓类沼泽，草塘沼泽，是我国北方高纬度地区具有代表性的湿地类型，区内河流纵横交错，湖泊星罗棋布，红松阔叶混交林交错，鸟类繁多，是旅游的绝佳去处。五营地质公园内，小溪潺潺，流水弯弯，泥土和矿石点缀了这里的古老与神秘，形成了大自然绚丽的瑰宝。

汤原县位于黑龙江省东北部，三江平原西部边缘分。北依小兴安岭千里群山，南邻松花江汤旺河两大水系。大亮子河国家森林公园位于黑龙江省东北部小兴安岭车三江平原交汇的汤原县境内，是黑龙江省东部唯一的以原始红松林为主体景观的国家森林公园。森林公园展现了兴安岭的自然景观，2400 公顷的原始红松林，是森林公园最为壮观的主景，1000 多公顷的白桦林，被誉为，“林中少女”，树干洁白，树形婆娑，风景如画；巨树岛上，被誉为“东北巨树”的大青杨，或直立，或倒卧，展现也了远古时代的森林景象。这里古木奇伟，森林广奥，山石奇特，山水清幽，四季风景丰富多彩，自然风光隽美怡人的景观特色，被誉为“兴安明珠”“三江翡翠”。

陶家湾层峦叠嶂，绿树翠柏，郁郁苍苍，向南看去汤旺河水波潋滟，蜿蜒逶迤，状若飞龙。

一株株杨树临溪而立，雄阔挺拔，冠如伞盖，蔚为壮观，如名为临溪的大青杨，树高 32 米，胸围 580 厘米，即使三个身高一米九的人也无法挣抱得过一棵树龄 371 年、另一株名为擎天的大青杨。

**苍山云海**　刘俊 拍摄于伊春五营区丰林国家自然保护区

**小兴安岭原始红松林**　刘俊　拍摄于汤原县大亮子国家森林公园

林海茫茫白云渺渺　刘俊　拍摄于伊春五营区丰林国家自然保护区

桦树林　刘俊　拍摄于汤原县大亮子国家森林公园

鸳鸯湖　刘俊 拍摄于汤原县大亮子国家森林公园

小兴安岭原始红松林
刘俊 拍摄于汤原县
大亮子国家森林公园

晨曦白桦林 刘俊
拍摄于汤原县大亮子
国家森林公园

初秋红叶　刘俊 拍摄于伊春五营区红松原始林国家森林公园

秋色美　刘俊 拍摄于伊春五营区国家森林公园

林中少女 白桦林　刘俊 拍摄于汤原县大亮子国家森林公园

东北巨树 大青杨　刘俊 拍摄于汤原县大亮子国家森林公园

**小兴安岭原始红松林** 刘俊 拍摄于汤原县大亮子国家森林公园

多彩森林绿意盎然　刘俊 拍摄于伊春五营区国家森林公园

万木吐翠　刘俊 拍摄于伊春市五营区国家森林公园

**下雨崩村** *杨旭东 摄*

作品拍摄于 2015 年 2 月 5 日下雨崩村。作品利用山脚下村落的地平线构图，在突出晨光中村落的同时，又强调了村落上方已经失去透视感的高山，仿佛有压倒之势，给人“失真”的艺术联想；一线晨光中的房屋，与阴影里村落的形成冷暖对比，袅袅炊烟让人感受到村庄的宁静与安详。

阳光下的羊群　王林 摄

光与影　王林 摄

甦　王林 摄

远山的呼唤　王林 摄

人间仙境　王林 摄

朝霞　王林 摄

雾凇　王林 摄

晨　王林 摄

缤纷五彩田　韩杰 摄

彩田的绚烂　韩杰 摄

彩田的洞悉　韩杰 摄

大凉山老虎沟湿地海子群
杨勇 摄

峡谷之行　杜小红 拍摄于福贡
峡谷之行：摄于怒江州福贡县，从北部的贡山县到州府所在地泸水市都于怒江大峡谷中，村挂崖上、地贴墙上，可谓“大字报农耕文化”。

东北的森林，嫩江湿地
杜小红 摄

木棉下的村庄——保山
杜小红 拍摄于保山市隆阳区潞江镇

**天书** 杜小红 拍摄于松嫩江

万千汇流的湿地，在大地上书写出的天然书画。

阿贝曼扎塘湿地　高屯子 摄

长江上游湿地　高屯子 摄

彩池月夜　高屯子 拍摄于黄龙

山脊余晖　孙阁 摄

禹别九州，随山浚川，任土作贡。

数万年来，这片广袤的山川，用自然界一如既往的慷慨，容纳与回馈着华夏大地上的芸芸众生。而炎黄子孙对脚下土地的热爱，也从未停止——从适应、开发到和谐共生，中国人一直在用自己的劳动与智慧，建设自己的家园。

我们的祖先、父母、爱人、孩子，在这里迎来新生，也在这里归于尘土。

是“人间此地”，让我们魂牵梦萦。

垂暮　张增顺 摄

傲立天地五百年　李跃进 摄

# 多彩的森林

森林是人类的摇篮，也是民生的重要基础。良好生态环境是最公平的公共产品，是最普惠的民生福祉。本次展览内容上紧紧围绕习近平新时代中国特色社会主义思想、习近平“绿水青山就是金山银山”生态观、以及国家林业和草原局的中心工作，将从多彩森林、魅力湿地、森林城市、国家森林公园、美好家园等领域展现我国山山水水——中国的自然美景，秀丽的山水、丰富的植物、浓郁的风土人情和纯天然牧草的芬芳、丰富的草原资源。

中国是世界上草原资源最丰富的国家之一，草原总面积将近4亿公顷，即60亿亩，占全国土地总面积的40%，为现有耕地面积的3倍。绚丽多彩的生态景观，全国各地积极建设良好生态环境的努力与实践，以及人民向往的美好生活。

中国地域辽阔，自然地理环境复杂多样，从海平面到世界屋脊，从热带到寒温带，孕育了生物种类繁多、植被类型多样的森林资源。多彩森林篇将深入中国三大重点林区，包括东北部的大兴安岭、小兴安岭和长白山林区，西南的横断山区、西藏东南部的喜马拉雅山南坡等地区，以及秦岭、淮河以南，云贵高原以东的南方林区，用镜头展现中国优美独特、绚丽多彩的森林景观。

**林中栖梦** 邵维玺 拍摄于西双版纳傣族自治州国有天然林。无人机100米高航拍接片。立体纵向投影。

绿色是生命之源。大多数的事件是不可言传的，它们完全在一个语言从未达到过的空间；可是比一切更不可言传的是艺术品，它们是神秘的生存，它们的生命在我们无常的生命之外赓续着。绿色散发的馨香，是生命之花的绽放，是开放在人们心里的光芒。身处大自然，用摄影的手法观照森林之城，生命之城的关系，表达人类生息关系《林中栖梦》。生命体的游走诞生，一叶绿植的力量足以繁衍整个地球生命体。山林浑然一体，共同生息。羁鸟恋旧林，池鱼思故渊。禅意森森，借景喻情。心所属，泉所悟，大成境界。

坝上秋浓　杨丹 拍摄于内蒙古

赤魂　徐硕 摄

红石滩　李跃进 摄

## 红石滩

照片拍摄于四川省康定市雅家埂河上游的山谷，因为沙滩里的石头多呈红色被称为红石滩。据专家考证红色的石衣是赤利橘色藻，它对空气、海拔、湿度、温度的敏感度非常高，多生长在海拔2100米以上的特定地区，富含虾青素，因此成鲜红色。拍摄于2014年10月末。

红石滩　李跃进 摄

人的命脉在田，田的命脉在水，水的命脉在山，山的命脉在土，土的命脉在树。

千百年来，人类与自然的关系，一日不可分割。从过去的只要金山银山，到“宁要绿水青山，不要金山银山”，再到“绿水青山就是金山银山”，万水千山归于一途——营建一个代代繁衍、生生不息的家园。

西藏墨脱　杨丹 摄

林芝的夏天　刘俊 摄

金秋　杨丹 拍摄于内蒙古

晚秋即景　王林 摄

别样的世界　王林 摄

林地　刘俊 摄

森林冬韵　刘俊 拍摄于山西省芦芽山国家森林公园

“无我之境，人惟于静中得之。有我之境，于由动之静时得之，故一优美，一宏壮也。”

观宇宙之大，察草木之盛，观念可以改变审美，观念可以改变眼光。摄影造型手段确实有化腐朽为神奇的魔力，摄影的迷人之处，在于可以将那些寻常之景提炼成为不寻常的作品。

摄影是观察的艺术，平凡的景物和摄影师相遇将是一次幸会，是摄影师的到来可以将它变得不再平凡，那就是表现摄影师创造性的瞬间，那一瞬也将不再重现。摄影师喜欢观察那些貌不出众朴素无华的景物，经常与他们接触，给摄影师带来的都是意外的惊喜，出自这种环境的作品总会散发出另外一种意味。

有些景物看上去平凡无华而实际上却深藏视觉美点，而这种视觉美点往往淹没在杂乱之中不易被发现，是摄影师独有的摄影视觉才能看到并挖掘其中的精彩，那一刻的怦然心动是摄影师独有的享受。神奇的摄影视觉可以让摄影师拥有摄影之眼，即使在还没按下快门之前未来的画面已了然于心，可以遥望到未来作品的相貌。生理视觉是看眼前，摄影视觉是看未来，这便是生理视觉和摄影视觉的根本差别。

伊春国家自然保护区　刘俊 摄

“落霞与孤鹜齐飞，秋水共长天一色。”

“美到处都有，对于我们的眼睛，不是缺少美，而是缺少发现。”作为一名摄影师，发现平凡之美，是永远的课题，摄影师一直在努力着。

乾元用九，乃见天则。信望相随，森林最美。

绿水青山影像的一幅幅画面，并不仅仅是“眼见之美”那么简单——很多时候，“美”不是它们的首要目的。大多数艺术作品都是为了传达一种明确的观点、表达一个特定的主题，其意图往往是：取悦或安抚欣赏者所信仰的性灵；广大观众通过影像能够直接了当地感受画面的意境。

嗜欲深者天机浅，嗜欲浅者天机深 。上善若水，厚德载物，和谐养无限天机。

西双版纳热带雨林　刘俊 摄

西双版纳热带雨林 刘俊 摄

三亚红树林　刘俊 摄

三亚红树林　刘俊 摄

红桦　刘俊 拍摄于山西省关帝山国有林管理局

珠江边的林海　杜小红 摄

斑驳陆离 杜小红 拍摄于漠河

千树万树红 杜小红 拍摄于漠河

新疆禾木乡　杨丹 摄

远山辉煌，滔滔孟夏兮，草木莽莽　孙阁 摄

风涛万树舞翩跹　孙阁 摄

迷雾山林　孙阁 摄

## 国家森林公园

森林是人类永恒的朋友。她沐浴阳光雨露，经受酷暑严寒，深深扎根于山间沃土岩峰之中，不分昼夜地为改善人类赖以生存的地球环境而默默奉献。国家森林公园是大自然的灵性和人类智慧的结晶，她以色彩美、音韵美、意境美吸引着人们对她的热爱和向往。本篇将深入阿尔山国家森林公园、张家界国家森林公园、塞罕坝国家森林公园等各大国家森林公园，通过镜头展现国家森林公园自然美、生态美的独特景观。

### 巴松错国家森林公园

巴松错，又名错高湖，藏语中意为“三岩三湖”之地。三岩，是指巴松湖区被三座富有宗教意味的山岩环绕着，三湖是指巴松错、钟错、新错。如同隐居深山中的少女，巴松错安详而静谧、晶莹而澄澈。2001 年被国家林业局授予国家森林公园称号。

巴松错湖面海拔 3469 米。湖形状如镶嵌在高峡深谷中的一轮新月，长约 12 公里，湖宽几百至数千米不等。最深处 60 多米，总面积为 37.5 平方公里。若说阿里的普兰被称为是雪山围绕之地，那巴松错则有过之而无不及，这里环绕着杰青那拉嘎布（燃烧的火焰峰）、阿玛觉姆达增、沙阿玛热则（国王宝座峰）、茹拉夏拉杰布、阿玛钟嘎拉姆等众多高峻的雪山，护佑着这座新月形的湖泊。

巴松错冰封秘境　李昕宇 摄

**然乌湖森林公园仲夏夜** 李昕宇 摄

## 然乌湖森林公园

然乌湖国家森林公园有“西南瑶池”“高原九寨”之称，地处念青唐古拉山脉与横断山脉伯舒拉岭结合部，平均海拔 3930 米，属高原温带半干旱季风性气候，日照充足，干、雨季分明。由于山高谷深、气候垂直差异明显，随着海拔高度的增高和所处的地理位置不同，依次出现峡谷暖温带，高原温带、高原寒温带三种不同垂直气候，气候的多样性使景区内呈现“一山有四季、十里不同天”的奇异景象。然乌湖是西藏东部最大的湖泊，总面积 27 平方公里，湖泊长 25 公里，宽 1–2 公里。湖泊由三个上下相连的湖泊组成，是一个湖体狭长，串珠状分布的高山湖泊。

冈仁波齐的流星（国家级森林公园） 李昕宇 摄

**沙地云杉** 李跃进 摄

## 沙地云杉

图片拍摄于 2016 年 8 月上旬内蒙古自治区克什克腾旗、贡格尔草原西北部，距经棚镇 70 公里外的白音敖包沙地云杉公园，它是世界上目前发现的唯一的一片原始沙地云杉林地，有着“生物基因库”“生物活化石”的美誉，被当地人像神一样保护着。沙地云杉不仅创造了沙漠生命的奇迹，还以其不畏严寒傲然挺拔的雄姿赢得了人们的青睐。乾隆皇帝狩猎时多次到此观赏云杉林，并留存：我闻松柏有本性，经春不融。

沙地云杉　李跃进 摄

## 内蒙古额济纳 胡杨王神树

此胡杨被全国绿化委员会办公室和中国林学会评为“中国最美的胡杨”。

内蒙古额济纳旗达来呼布镇北 25 公里处，远远就能看到一棵高大耸立、郁郁葱葱被当地人称为“神树”的胡杨。树高 27 米，树围 8.5 米。据测定，在额济纳 567 万亩的天然胡杨林中，这棵胡杨树树龄已达 880 年，堪称额济纳胡杨树之王。胡杨树是国家二级保护植物。

暮秋时节额济纳胡杨树大部分都已变黄，唯独这株胡杨神树郁郁葱葱，枝繁叶茂。胡杨王“神树”的树叶由绿变黄有 10 天左右，这株“神树”靠近黑河岸边，得到黑河水浇灌，所以生长茂盛，树叶变色要晚 2 个物候期。

三百年前土尔扈特人初来额济纳，胡杨林木密集，其中“神树”耸立挺拔，枝叶繁茂。传说，300 年前天火降于此处，草木皆焚，唯有这棵古老的胡杨，毫无损伤，牧民深信这是神灵在保佑。按照当地蒙古民族习俗和原始宗教，神树被赋予了神秘的色彩，是当地老百姓祭祀苍天神灵的附载物，是牧民们心中神灵的依附。“神树”上缠绕着哈达和经幡，远近牧人便虔诚地来到“神树”前诵经祈祷，祈求风调雨顺，草畜兴旺。在这棵千年“神树”周围 30 米内，又分生长出 5 棵粗壮的胡杨树，牧人们把它们叫做“母子树”，远远望去颇为壮观。

“神树”作为额济纳胡杨林最为典型的景观，已经成为胡杨林的标志和形象，自然成为额济纳旅游的一个景点，额济纳北部的第一个景点，再向北依次是居延海、策克口岸。凡到额济纳旗观赏胡杨奇景的中外游客都要到“神树”之下一睹其壮观、奇秀的尊容。

内蒙古额济纳 胡杨王神树 吕顺 摄

## 国内最美原始森林

### 白马雪山高山杜鹃林（云南）

白马雪山位于云南省德钦县境内，面积 190144 公顷，1983 年经云南省人民政府批准建立，1988 年晋升为国家级，主要保护对象为高山针叶林、山地植被垂直带自然景观和滇金丝猴。

苍山杜鹃红遍：苍山是杜鹃花分部集中地之一，可谓之为杜鹃博物馆。苍山杜鹃记录种高达 44 种。在 2、4、5 月分别大面积绽放出红、紫、黄三颜色的杜鹃为苍山换装。

苍山上的高山针叶林：苍山上部主要分布着云杉、冷杉林，其中苍山冷杉就以此定名。

本区地处横断山脉中段，巍峨的云岭自北向南纵贯全区，5000 米以上的山峰有 20 座，主峰白马雪山海拔 5430 米，相对高差超过 3000 米。区内植被垂直分布明显，在水平距离不足 40 公里内，有 7-16 个植物分布带谱，相当于我国从南到北几千公里的植物分布带，蔚为奇观。本区的国家重点保护植物有星叶草、澜沧黄杉等 10 多种，国家重点保护动物有滇金丝猴、云豹、小熊猫等 30 多种，有“寒温带高山动植物王国”之称，具很高的科学价值。

巍峨的云岭属横断山脉，群峰连绵，白雪皑皑，远眺终年积雪的主峰，犹如一匹奔驰的白马，因而得名“白马雪山”。为了保护横断山脉高山峡谷典型的山地垂直带自然景观和保持金沙江上游的水土，1983 年在云南省德钦县境内白马雪山和人支雪山的金沙江坡面，划出 19 万公顷建立自然保护区，现已扩到 27 万公顷。整个保护区海拔超过 5000 米的主峰有 20 座；最高峰白马雪山达 5430 米。

秋临白马雪山　许胜 摄

极目苍洱　杜小红　拍摄于大理苍山洱海

极目苍洱：大理苍山洱海为国家地质公园，苍山共19峰18溪，如屏立于洱海西岸，是洱海的水源地。大理山水如画，有诗赞“苍山无墨千万古画，洱海无弦万古琴。”

层林尽染　杜小红　拍摄于高黎贡山

保护区气候随着海拔的升高而变化，形成河谷干热和山地严寒的特点，自然景观垂直带谱十分明显；在海拔2300米以下的金沙江干热河谷，为疏林灌丛草坡带，生境干旱，植被稀疏；海拔3000–3200米的云雾山带上，分布着针阔叶混交林，树种组成丰富；海拔3200–4000米，地势高峻而冷凉，分布着亚高山时暗针叶林带，主要由长苞冷杉、苍山冷杉等多种冷杉组成，林相整齐，为滇金丝猴常年栖息之地，是保护区森林资源的主要部分和精华所在；海拔4000米以上，为高山灌丛草甸带、流石滩稀疏植被带；海拔5000米以上为极高山冰雪逞，每一个带都各有特色。

这里环境幽静，人迹罕至，生物种类也较多，常见的兽类有47种，鸟类45种，是我国特有的滇金丝猴栖息繁衍的理想之地。此外，区内还有仅产于横断山脉地区的小熊猫、绿尾虹雉，在海拔更高的地方，则有云豹、白马鸡和马麝等珍稀野生动物。

高山杜鹃林不仅是一种重要的矮曲林类型，而且也是最娇艳的一种森林类型。其植株低矮，形态自然，极具观赏性，是滇西广泛分布的植被类型之一。

滇西杜鹃林的分布与森林植被垂直带谱密切相关。海拔2600–3000米的阴坡杜鹃–云南松林中，有大白花杜鹃、小粉背杜鹃等；3000–4000米的阴坡、半阴坡的杜鹃–冷杉林中有锈斑杜鹃、枇杷叶杜鹃、短柱杜鹃等；4000–4200米的高山灌丛草甸带杜鹃多以群落状分布。上述三类杜鹃共同组成云南西部高山杜鹃林。在春季或春夏之交杜鹃花盛开时节，奇异的花朵、艳丽的色彩，具有极强的观赏性。

云南西部的高山杜鹃林，杜鹃科植物种类丰富，有密枝杜鹃、金背杜鹃、银背杜鹃、韦化杜鹃、小叶杜鹃等200余种。杜鹃花盛开时节，奇异的花朵，纷繁的色彩，把山峦装点得瑰丽艳美。在初夏冰雪消融时，高山杜鹃满山遍野灿然绽放，给荒凉的山野披上一件瑰丽的外衣。

**上沧湿地** 杜小红 拍摄于大理宾川
上沧湿地（大理宾川）：鸡足山把洱海和宾川上沧分流入澜沧江和金沙江两大水系。

## 尖峰岭热带雨林（海南）

尖峰岭热带雨林位于三亚市北部，乐东县北部与东方市的交界地带，是海南岛西部濒临北部湾的一处山地；距三亚市区 90 公里，总面积 447 平方公里，尖峰岭主峰海拔 1412 米，因形似尖刃而得名。在这片神秘的大森林里生长繁衍着海南 75%的植物和 85%的野生动物种类。尖峰岭地区目前尚保存了中国整片面积最大的热带原始森林，其植被的完整性和生物物种的多样性位居全国前列，不亚于亚马孙河、刚果河及东南亚热带雨林。公园森林覆盖率 96%，古木参天，藤蔓盘绕，溪水潺潺，云雾缭绕，融大山、大海、大森林于一体。山高林密，周围寂然无声，尤其是海拔 600 米的天池，四周天然林环抱，鸟语花香，年平均气温 19-24.5℃，盛夏凉风习习，空气清新，空气中负离子含量高，植物的精气浓度大，是疗养避暑度假胜地。热带雨林中最著名的动植物就是“七剑客”和“十三太保”。所谓“七剑客”指的是七种国家一级保护动物：黑冠长臂猿、海南坡鹿、云豹、巨蜥、蟒蛇、黑熊和孔雀雉；“十三太保”是指十三种国家一级保护植物：桫椤、海南桫椤、白桫椤、大羽桫椤、坡垒、海南粗榧、母生、子京、花梨、野荔枝、见血封喉、青皮、海南苏铁。尖峰岭垂直系统完整，从海滨沙滩至主峰，分布着棘灌丛、半常绿季雨林、常绿季雨林、热带山地雨林、山地矮林、沟谷雨林等植被类型，生物多样性和植被的完整性十分明显。整个攀登中，可以看到林海、云海、雾海、大海“四海奇观”。有关资料称，这座山里植物种类占海南植物的 75%，其中有 78 种属国家一、二级保护的珍稀濒危植物和数百种珍贵用材树种，其中以坡垒、子京、花梨、母生、陆均松、油丹等最为出名。至于动物，这里被称为“野生动物的乐园”，有 68 种哺乳动物，215 种鸟类，400 多种蝴蝶，4000 多种昆虫，38 种两栖动物和 50 多种爬行动物，其中以坡鹿、云豹、狗熊、穿山甲等最为珍贵。但并不是人人都能看到这些动物，因为这座峰岭中，还有 1600 多公顷热带雨林至今还人迹罕至。

海南尖峰岭国有林场　刘俊 摄

**高黎贡山火山群** 杜小红 摄

高黎贡山火山群为近生代火山，保留完整的火山口共70余座，分布于云南省腾冲县北部和中部，在整个火山喷发的岩熔台地上已是森林覆盖、村落棋布。

## 波密岗乡林芝云杉林（西藏）

林间流水　刘俊 摄

天赐氧源一净地　刘俊 摄

位于扎木县城以西 22 公里，总面积 4600 公顷。其中森林面积 2800 多公顷，森林覆盖率达 61% 以上。保护区内林木生长速度、持续生长期和单位蓄积量远远超过国内外同类林，尤以云杉为突出。区内山高树密，古木参天，珍稀野生动物活动频繁，各类名贵中药材蕴藏丰富。1984 年被划为以保护丰产针叶林为主的森林生态系统自然保护区。

波密岗乡位于雅鲁藏布江大拐弯的东北部，帕龙藏布的中下游。帕龙藏布由东北向西南穿行于崇山峻岭和茂密的林海之中，北上的暖温气流在此形成丰沛的降水和温和的气候，成为青藏高原上现代冰川发育的中心区域之一，形成我国少有的海洋性冰川。这里森林垂直带的变化也比较明显，随着海拔的升高，依次有针阔叶混交林带、山地针叶林带、暗针叶林带，主要分布着高山松、漆树、槭树、沙棘、云杉、冷杉等高产林和经济植物。

保护区的山地海拔大多在 2600–5000 米，受印度洋西南季风影响，气候温和湿润。区内森林茂密，以云杉和冷杉为主组成的树干通直、高大的暗针叶林占优势，部分密林下还生长着密集的箭竹，难以通行。这里的森林拥有罕见的生产力，个别地段每公顷的蓄积量超过 2400 立方米，约为我国东北林区的 3 倍；树龄高达 300–400 年，有些云杉树干胸径达 1.5–2.5 米，树高 75–80 米，单株树木的树干木材多达 60 立方以上，是迄今所知世界上生产力最高的暗针叶林。

保护区还蕴藏着极丰富的动物资源，如羚牛、豹、盘羊、黑熊、猕猴、雪鸡、麝、鹦鹉、费氏黄麂等。

西藏林芝林间小溪
刘俊 摄

**枯树问苍穹** 李跃进 摄

## 轮台胡杨林（新疆）

轮台县地处天山南麓、塔里木盆地北缘，这里有世界上面积最大、分布最密、存活最好的“第三纪活化石”—— 40余万亩的天然胡杨林。胡杨林是塔里木河流域典型的荒漠森林草甸植被类型，从上游河谷到下游河床均有分布。虽然胡杨林结构相对简单，但具有很强的地带性生态烙印。无论是朝霞映染，还是身披夕阳，它在给人以神秘感的同时，也让人解读到生机与希望。

胡杨，维吾尔语叫“托克拉克”，意为“最美丽的树”。由于它顽强的生命力，以及惊人的抗干旱、御风沙、耐盐碱的能力，人们又叫它“沙漠英雄树”。

胡杨，还有红柳、梭梭、沙枣等沙漠植物，它们的一生是一部启示录—— 有关生命与死亡、大漠首位与绝处逢生的启示录。

胡杨林 顽强的生命　李跃进 摄

当节气摆脱了炎夏，大地吹拂起阵阵凉风，荒野上的胡杨林穿上了它一年中最灿烂的盛装。粗壮的树干，硕大的树冠，表明它已蓄积了充足的能量。它将以顽强的生命力，抗御即将到来的严酷寒冬。数百上千年，它们就是如此一步步走过。

面对胡杨林，人类的想象力一直失语。在民间，人们将它英雄化:生而一千年不倒，倒而一千年不死，死而一千年不朽。

胡杨树是国家二级濒危保护植物，是自然界稀有树种之一。胡杨的化石证明，它是第三纪残余的古老树种，距今6500万年的历史，誉为存活最好的“第三纪活化石”。全球的胡杨绝大部分生长在中国，而中国90%以上的胡杨在新疆，其中的90%又分布在南疆的塔里木盆地,一个被称为极旱荒漠的区域。那里被吉尼斯授予“最大面积的原生态胡杨林”称号，是中国最美十大森林之一。胡杨是神奇的物种，千年伫立，又千年孤独，是沙漠中的英雄树，抗击沙漠的勇士。有人叹道:

“一树，一世界！一岁，一枯荣！不见新疆胡杨，不知大景之壮阔，不识新疆胡杨，不知生命之辉煌。如果可以，此生一定要去看一次新疆胡杨肆无忌惮地释放着生命的能量，惊艳天地之间！”

# 魅力湿地

湿地与森林和海洋一样，是地球上重要的生命支持系统之一，在维护全球生态平衡、促进经济社会可持续发展、保障人类健康生存中发挥着不可替代的作用。魅力湿地篇将选取中国十大魅力湿地进行采风，如广西山口的红树林保护区、黑龙江扎龙自然保护区、辽宁盘锦双台河口湿地等，展现中国湿地丰富的生物资源，风光绮丽的自然生态，苇泽肥美、鱼虾丰盛的生态景观。

印象青山　许胜 摄

有个地方，可能你有所耳闻，那里，你也许从未踏及。它是人间最后的秘境——云南怒江。置身青山碧水间，摄影师看见了山峦中的腾云驾雾。远山青黛云雾绕，近景炊烟绘和谐。怒江高黎贡山东坡的丙中洛，素有“世外桃源”之称——传说中人神共居的福地。清静的早晨，这里散发着优雅愉悦的气质，叫醒你的时常是回响在村落里的鸟叫声，空气带着淡淡的清甜，亦或是家中的早餐香味。置身其中，仿若未开化的云雾弥漫村庄。走在草丛树林之间，不时能感知到清晨的恩惠。当你登高而望，丙中洛云海，在山峦之间，如幻化，如梦境，一片圣洁。在秋雨的洗礼下，天更蓝了、山外的青山更青了，怒江的水也更绿了。《印象青山》就拍摄于多雨之秋的怒江大峡谷。

野生动物的保护地（藏野驴群） 李昕宇 摄

## 玛旁雍错国家级自然保护区

她是佛教徒和苯教徒心目中的“世界中心”，唐代玄奘在天竺取经记中称她是西天王母瑶池之所在。尽善尽美、宇宙中真正的天堂、众神的香格里拉、万物之极乐世界。她就是玛旁雍错……

玛旁雍错湿地是高原海拔地区淡水最多的湖泊之一，也是西藏高原最有代表性的湖泊湿地。海拔 4587 米，湖水由冈底斯山的冰雪融化而来，清澈甘冽，纤尘不染。湖水最深处为 81.8 米，湖心透明度高达 14 米，是我国目前实测透明度最大的湖。保护区内栖息着黑颈鹤、斑头雁等大量水禽，也是藏羚羊、野牦牛等珍稀野生动物种群向西藏喜马拉雅山脉迁徙的主要走廊之一。2005 年列入国际重要湿地名录。

拉昂错之夏　李昕宇 摄

我国目前实测透明度最大的湖　李昕宇 摄

从玛旁雍错圣湖远眺冈仁波齐神山　李昕宇 摄

拉昂错之冬　李昕宇 摄

## 雅江中游黑颈鹤保护区

西藏雅鲁藏布江中游河谷黑颈鹤国家级自然保护区包括三大块分布于西藏“一江两河”地区的黑颈鹤主要的越冬夜宿地和觅食地，地理坐标为北纬 28°40′-30°17′，东经 87°34′-91°54′，属野生动物类型自然保护区。雅鲁藏布江中游河谷黑颈鹤国家级自然保护区成立于 1993 年，2003 年晋升为国家级自然保护区。主要保护对象是国家一级保护动物——黑颈鹤及其越冬栖息地。

这组照片摄于保护区山南市的羊卓雍错片区。羊卓雍错面积 675km$^2$，湖面海拔 4441 米。藏语意为“碧玉湖”，与纳木错、玛旁雍错并称西藏三大圣湖，是喜马拉雅山北麓最大的内陆湖泊，湖光山色之美，冠绝藏南。

青天碧水　李昕宇 摄

羊卓雍错　李昕宇 摄

寂静悠远　李昕宇 摄

## 扎日南木错

扎日南木错位于措勤县东南部，距离县城接近20公里，湖面1023平方米，号称阿里第一大湖，又是西藏第三大咸水湖，更是措勤的母亲湖，养育着一方儿女，也寄托着措勤梦。扎日南木错碧蓝碧蓝，广阔无垠，蓝天白云湖光山色浑然一体，湖水源自冈仁波齐山脉的措勤河，河水清澈透明，鱼儿成群结队，自由自在无忧无虑。

远眺扎日南木错仿佛蓝色的海洋，色彩变幻，广阔无垠，浩渺烟云，给人一种水天一色的感觉，仿佛羌塘大地镶嵌着的一颗璀璨夺目的蓝宝石；近观清凌凌的湖水，清风拂过波光潋滟，轻轻拍击湖边碧玉般五彩奇石，发出“咚咚”声响，令人心旷神怡。湖里有10余个连片的小岛屿，在春末夏初季节迁徙的候鸟来此繁殖栖息，有海鸥、斑头雁、黑颈鹤、黄鸭、白鸭、天鹅等数种候鸟。成千上万的鸟儿聚集岛上，一旦飞起漫天舞动，鸣叫不歇，真是妙不可言。蓝天白云候鸟雪山草地牛羊牧人湖光山色、美轮美奂，可谓一幅人与自然和谐相处山水名画，不须人工雕琢自然天成。

扎日南木错周围草地已经被列为自治区级保护湿地，涵养水源保持水土，又是措勤的肺，净化着空气；湿地上的野驴、藏羚羊、黄羊、狐狸、野兔等野生动物自由驰骋，湖里候鸟同样受到保护区管理部门的重点保护。

心灵的净土　李昕宇 摄

山鹰　李昕宇 摄

天空之镜　金礼国　拍摄于年宝玉则 2015 年 7 月

一水护田将绿绕，两山排闼送青来　杨丹 摄

人造湿地　杨丹 拍摄于元阳梯田

元阳梯田　杨丹 摄

湿地　杨丹 拍摄于内蒙古

南瓮河湿地　杨丹 摄

希望的田野　王林 摄

层林尽染　韩杰 摄

林深无人鸟相呼　韩杰 摄

根河　杜小红 摄

自由流淌的根河：在松嫩平原上流淌的黑龙江，是中国各大水系中最自由的，给人一种想怎么流就怎么流的感觉。

东北的森林和湿地　杜小红 摄

千树万树红（摄于漠河）：东北林区的森林是对季节最敏感的森林，一夜之间尽染霜雪红。

额木尔河　杜小红 摄
大兴安岭额木尔河：源大兴安岭北部，从北极村流入松花江。

草原上的图案　高屯子 摄

草原的印象　高屯子 摄

草原月光　高屯子 摄

湿地霞光 孙阁 摄

**魅力湿地 额尔古纳夕阳西下** 杨旭东 拍摄于额尔古纳

人间仙境　孙阁 摄

# 美好家园

青山有梦，傲立苍穹；绿水有梦，花草葱茏；民族有梦，美好家园；

寻梦，生态文明的中国探索；

追梦，生态转型的绿色增长，生态建设的中国行动；

圆梦，绿水青山美好家园，美丽中国永续发展……

在这些对生态前所未有的重视和前所未有的广泛参与下，中国正在生态圆梦的道路上阔步向前。

美好家园篇将选取全国各地改善生态环境、严守生态红线、实施生态修复、谋求生态福祉等一系列生态建设实践，展现全国各族人民追求幸福生活、建设美好家园的愿景。

哈尔滨的秋天　刘俊 摄

新疆伊犁　刘俊 摄

洋芋花　赵渝　拍摄于大理鹤庆马厂村 2008 年 7 月

晨曲 全礼国 拍摄于南充市 2018 年 5 月

秋到幸福　杜小红 摄

**心旷神怡**　刘俊　拍摄于海南省尖岭国家森林公园

天地之间，物各有主，苟非吾之所有，虽一毫而莫取。惟江上之清风，与山间之明月，耳得之而为声，目遇之而成色，取之无禁，用之不竭。是造物者之无尽藏也，而吾与子之所共适。

天池桃园酒店
Tianchi TaoYuan

比翼双飞　周彬 摄

雪中情　周彬 摄

这是吕梁山余脉的一处山谷，山谷不深，每每凌晨，这里的太阳总是被褐马鸡的咕咕声唤醒，在幽静的山谷中回荡而悠扬。走进这条山谷，也就是踏入了一个鸟类生存的温馨小环境，在观察期间褐马鸡和他的邻居们有多达 12 余种，她们虽然偶尔会有争斗但还是和谐着啼鸣在这份幽静之中。随着四季的更替，褐马鸡的邻居们也轮换出演。

和谐共处　朱运宽 摄

念湖位于云南省会泽县大桥乡，是黑颈鹤国家级自然保护区，地处滇东北乌蒙山区中部，海拔高度 2490–2900 千米，年均气温 9.8℃。据鸟类专家提供的资料，目前世界上仅有 4000 多只黑颈鹤，每年有 2000 多只以及大量大雁、黄鸭在念湖一带越冬，近年来，黑颈鹤逐年增加。人类与野生鸟类和睦相处，成为动人的情景。

**澜沧县风光** 朱运宽 摄

云南省澜沧拉祜族自治县位于祖国西南边陲，因东临澜沧江而得名。全县总面积 8807 平方公里，为云南省县级面积第二大县。西部和西南部有两段与缅甸接壤，国境线长 80.563 公里。澜沧县地处北回归线以南，气候主要属南亚热带夏湿冬干山地季风气候，澜沧县有林业用地面积 780 万亩，森林覆盖率 53.9%，活立木总蓄积量 2784.4 万立方米。县内野生动植物种类繁多，珍贵树种有三棱栎、铁力木、紫柚木、红椿、樟树等。野生动物有野牛、马鹿、熊、豹、野猪、懒猴、岩羊、水獭、穿山甲、猫头鹰、孔雀、鹦鹉、白鹇、蟒蛇等。

**九龙瀑布** 朱运宽 摄

九龙瀑布位于云南省罗平县城东北 20 公里处，瀑布呈“九龙十瀑”状，是九龙河上颇具盛名的大瀑布群，当地的布依族群众一向称之为大叠水。

马场 刘俊 摄

风雪归途　晋翠萍 拍摄于新疆 2017 年 9 月 22 日下午
去禾木村的途中边防检查时巧遇这位牧民带着家当赶路。

# 中华千年古树

在中华民族五千年历史的长河中，我们的祖先不仅创造辉煌灿烂的文化，还培植了数量众多饱经沧桑的古树名木，从轩辕黄帝手植柏，孔子手植桧，汉武帝手植柏，李白手植银杏，到孙中山手植酸豆和周恩来手植腊梅。前人植树后人乘凉，植树护树为子孙造福，是中华民族传统美德，世代传承。

古树以年代久远，数量之多，珍奇独有，而闻名于世。西藏柏树王、莒县银杏树、阿里山红桧树、福州榕树王、黄山迎客松等，它们不仅是我国林木资源中的珍品，也是华夏文化的一个重要的组成部分。古往今来，诗为树吟，树为诗传，讲不完的轶闻趣事，数不清的华章美文。这些古树记录了神州大地气候的变化。承载着中华民族历史文明的烙印，被誉为“绿色文物，活的化石”，是珍贵的历史文化与自然遗产。

## 贵州思南 中华楠木王

被国家林业局授予“中国楠木之乡”的铜仁市思南县，野生楠木资源十分丰富，现有储量 15 万株以上，其中 100 年以上楠木古大树 895 棵，楠木古树群 15 个，当地野生楠木数量之多、年代之久、分布之广为中国仅有。2016 年 7 月开始建立思南四野屯省级自然保护区。

这棵巨大挺拔楠木王，巍然耸立在思南县青杠坡乡四野屯自然保护区内，其高 45 米，胸围 8.92 米、经测定树龄已达 1300 余年，冠幅南北长近 46 米，东西宽 47 米，正可谓十里之遥可见其雄姿。如此大的楠木在全国乃至世界都属罕见，被誉为“中国楠木王”。拍摄过程中，吸引了在周围玩耍的儿童，孩子在树下站立，更显楠木王的雄伟壮观，应了那句前人栽树后人乘凉的古语。

楠木是中国特有驰名中外的珍贵木材树种，国家二级保护植物。楠木的木质坚硬，经久耐用，耐腐性能极好，带有特殊的香味，能避免虫蛀。楠木种类一般有金丝楠木、香楠、水楠这三种。由于历代砍伐利用，致使这一丰富的森林资源近于枯竭。自明代起至清代，金丝楠木为皇家所垄断，将其作为御用之材，皇家的宫殿、陵寝、坛庙等建筑多为金丝楠木制作。

北京著名三大殿劳动人民文化宫（原称太庙）享殿、故宫太和殿、长陵祾恩殿都是中国现存最大的楠木结构建筑大殿。太庙享殿堪称第一，殿内有金丝楠木大柱 68 根，柱高为 13.32 米，是中国现存规模最大的金丝楠木结构宫殿。明成祖朱棣的长陵祾恩殿，全殿由 60 根直径粗大，高 14.30 米的金丝楠木巨柱支承，中央四根大柱的直径达 1.17 米，高约 23 米，是中国现存最大的楠木殿之一。这些金丝楠木的顶梁立柱撑起宏伟宫殿，见证明清两代王朝辉煌与衰败，展现了劳动人民用勤劳和智慧，创造出举世闻名、璀璨辉煌的艺术殿堂。

贵州思南 中华楠木王 吕顺 摄

西藏林芝 世界巨柏王 吕顺 摄

## 西藏林芝 世界巨柏王

此柏被全国绿化委员会办公室和中国林学会评为“中国最美的巨柏”。

巨柏是西藏特有的珍稀古树，亦称为雅鲁藏布江柏木。藏语称“拉薪秀巴”，是中国西藏的特有树种，被列为国家一级保护植物。

有“世界巨柏王”之称的巨柏林，生长在海拔3000多米的西藏林芝市巴结乡的巨柏自然保护区，有数百棵千年古柏，塔形的树冠以及挺拔的树干十分惹眼，这些古柏平均高度约为40米，胸围5米。巨柏形态各异，千姿百态，或弯或直，或倾或卧。每一棵树都能历经千年的沧桑，然而，它们都静静的站在江边，聆听着雅鲁藏布江滔滔的江水……

在古柏林中央，最引人注目的是，需要12个成年人才能环抱的巨柏，它就是闻名中外的“世界巨柏王”，树高达50多米，直径近6米，胸围18.21米。树冠投影面积达一亩有余，被誉为中国柏科树木之最。经测算，这株巨柏的年龄已有2600年。仰望巨柏，昂首蓝天，顶天立地，扎根雪域千载，历经风霜雪剑，岁月的无情侵蚀，以沟壑纵横、皮裂成状的形态呈现在树干上，然而，古柏巍然屹立，傲霜斗雪，枝繁叶茂。

古柏林在当地藏族群众心目中是圣地，被当地人精心保护。传说苯教开山祖师辛饶米保的生命树即是古柏，所以林中那些最大最古老的树身上总是缠挂着风马，树林中还到处是玛尼堆，常有信徒远道前来朝拜。巨柏王枝干绕满了洁白的哈达和彩色经幡，迎风抖动，仿佛在诵经，凭空增添了几分神秘和庄严。游人可以按照藏传佛教的仪轨，顺时针绕树转行，以求祈福。如今，游客最喜爱的是摆各种姿势，与这棵巨柏合影，以表达崇仰之情。

柏树的精神为人敬仰，斗寒傲雪、坚毅挺拔，作为百树之长，在植物界有王者之尊，素为正气、高尚、长寿、不朽和高风亮节的精神象征。

## 广西龙州 中华蚬木王

此蚬木被全国绿化委员会办公室和中国林学会评为“中国最美的蚬木”。

蚬木系国家二级保护植物，材质坚硬，生长缓慢。舰木王生长在崇左市龙州弄岗自然保护区陇呼屯村。树高 48 米，板根之上胸围 9.3 米，立木材积达 106 立方米，树冠覆盖面积达 800 平方米。宛如一把巨伞，树体高大雄伟，生长旺盛，树干圆滑通直，是我国南方同类树种单株立木材积之最。

据林业专家推算，这棵树是从秦汉时期留存下来的，已经有 2300 年历史了，可谓深藏不露。为中国目前发现的树龄最长、胸径最大、长势最好的蚬木，被当地村民尊为神灵。每到农历二月初一，附近的壮族同胞都会自发前去祭拜。

弄岗自然保护区内的陇呼屯村石山上，几百年前这里蚬木遍地，因蚬木是做铁木砧板的原木，屡遭采伐，目前在桂西南石灰岩山地上只有几棵幸存的古蚬木。蚬木非常珍贵，为国家一级珍贵树种、二级保护植物。由于其耐腐性极强，为船舶、高级家具及特种建筑等的优质用材。蚬木是嗜钙植物，分布于广西海拔 700—900 米热带石灰岩山地季雨林，根的穿透力很强，甚至还能腐蚀岩石。

站在山脚往上看，这株蚬木的树干掩影丛中，时隐时现。如果要想见到她的全貌，就要爬上山坡，当你还在攀爬的时候，蚬木王如巨灵一现，你会惊叹不已！她气势磅礴，立山脉而冲云天，一派凛然，让你无限钦敬。数千年，如同一个隐士，吸风饮露，静修仙体，依然青春不老，一片碧绿向人间……伟岸之下，人顿感渺小，此时，无不感到自然的博大与神奇。广西龙州蚬木王，为中华蚬木王。

广西龙州 中华蚬木王　吕顺 摄

## 陕西周至 秦岭云杉

周至县老县城坐落在秦岭海拔 1800 米处。这里生长着云杉 13 株，其中最大的一株生长在老县城一农户住宅附近，树高 30 米，胸围 3.50 米，树龄 1220 多年。树干通直圆满，苍劲挺拔，树形宛如巨伞，高耸云霄，苍劲的枝干下斜垂更显得云杉雄伟壮丽，村民称为“神树”，保存至今。此处是我国南北地理气候的分界线，因此植物起源古老，种类繁多，仅仅周至自然保护区，有木本植物 464 种。

老县城村是距离西安最远的一个村落，总共只有 38 户人家。清朝道光五年（1825），割周至南及洋县东北地设佛坪厅，厅治设佛爷坪（今周至县厚畛子乡老县城村）。这里曾经也是繁盛一时，但因为地处三县交界处，有点“三不管”的味道，所以土匪猖獗，同治元年，流寇盗匪毁城。县城内保留有许多清代遗迹，诸如用卵石堆砌成的老县城城墙，大监佛庙、城隍庙和文庙等建筑基址以及清朝时遗留下来的赌场客栈等等，还有清代的石碑、石刻二百多件。目前保存最完好的清代厅城遗址，具有历史、文化及考古价值。

老县城地处秦岭山脉中，四面环山，有片原始森林，常有金丝猴、羚牛、豹子等出没其中，这里的太白山大熊猫自然保护区，栖息着 30 余只大熊猫，生长着冷杉、竹叶草等珍稀野生植物。

陕西周至 秦岭云杉 吕顺 摄

# 绿水青山影像纪实

责任编辑：刘先银　张佳　邵晓娟

篆刻作者：金智泉

图书在版编目（CIP）数据

绿水青山影像纪实：绿水青山中国森林摄影作品鉴赏／国家林业和草原局主编．-- 北京：

中国林业出版社，2020.11

ISBN 978-7-5219-0894-7

Ⅰ.①绿… Ⅱ.①国… Ⅲ.①生态环境建设－中国－摄影集　Ⅳ.①X321.2-64

中国版本图书馆 CIP 数据核字（2020）第 213609 号

内容简介：《绿水青山中国森林摄影作品鉴赏》以宣传“绿水青山就是金山银山”理念为主题，以习近平生态文明思想为指导，以多彩森林、魅力湿地、森林城市、珍稀动植物、千年古树、美好家园等为主线，用摄影图片的形式记叙、讲述美丽中国、绿水青山，展示自然生态资源的丰富和改革开放四十年来中国林业取得的发展成就，中华人民共和国成立七十周年的筑梦新时代，以及人民对美好生活的向往。

出版发行：中国林业出版社（北京西城区刘海胡同 7 号　邮政编码 100009）

设计制作：北京大汉方圆数字文化传媒有限公司

印　　刷：北京雅昌艺术印刷有限公司

版　　次：2020 年 11 月第 1 版

印　　次：2020 年 11 月第 1 次

开　　本：285mm×285mm　1/12

字　　数：550 千字

彩　　图：263 幅

印　　张：19

页　　数：228 页

装　　帧：精装

定　　价：559.00 元